सरल गणित
ज्यामिति

सरल गणित

ज्यामिति

ब्रजमोहन

वाणी प्रकाशन

वाणी प्रकाशन
4695, 21-ए, दरियागंज, नयी दिल्ली 110 002

शाखा

अशोक राजपथ, पटना 800 004

फ़ोनः +91 11 23273167 फ़ैक्स: +91 11 23275710

www.vaniprakashan.in
vaniprakashan@gmail.com

SARAL GANIT : JYAMITI
by Brijmohan

ISBN : 81-88599-15-8

संस्करण 2012

मूल्य : ₹ 250

हर्ष प्रिंटर्स, दिल्ली-110 093 में मुद्रित

वाणी प्रकाशन का लोगो मक़बूल फ़िदा हुसेन की कूची से

प्राक्कथन

दिन पर दिन गणित के क्षेत्र का विस्तार होता जा रहा है। एक समय था जब गणित को अंकगणित का समानार्थी माना जाता था। उस समय तक हमारे पूर्वजों को गणित के नाम पर गिनती और पहाड़े ही आते थे। संसार के प्रायः सभी देशों में गणित का आरंभ अंकों और गिनती से ही हुआ। यही गिनती कुछ समय पश्चात् अंकगणित में परिणत हो गई। दीर्घ काल बीतने पर गणित के वृक्ष में से कई अन्य शाखाएँ फूट निकलीं—बीजगणित, रेखागणित, त्रिकोणमिति आदि।

ज्योतिष का आरंभ इस प्रकार नहीं हुआ। इस विद्या की आदि काल से ही एक प्रायः स्वतंत्र सत्ता रही है। सबसे पहले पहल हमारे पूर्वजों ने तारों का अवलोकन करना आरंभ किया होगा। तत्पश्चात् उनके विषय में अटकलें लगाई होंगी। इस प्रकार जब से संसार में मनुष्य मात्र का आविर्भाव हुआ, तभी से ज्योतिष्क कार्यों (Bodies) का अवलोकन आरंभ हो गया था। इतना निश्चय है कि गणित-ज्योतिष का विज्ञान के रूप में विकास तभी हो पाया होगा जब मनुष्य जाति परिकलन (Calculation) में काफी आगे बढ़ चुकी होगी। भारतवर्ष की तो यह परंपरा है कि ज्योतिष गणित का अंग नहीं रहा, इसके विपरीत गणित ज्योतिष का अंग रहा है। या यों कहिए कि ज्योतिष्क परिकलनों में गणित एक परिचारक का कार्य करता था।

एक समय था जब बहुत से मनुष्य संसार के समस्त उपार्जित ज्ञान को कण्ठस्थ कर लिया करते थे। एक समय आजकल का है कि किसी भी व्यक्ति के लिए विद्या की किसी एक शाखा का भी संपूर्ण ज्ञान प्राप्त कर लेना नितांत असंभव है। प्रत्येक विषय में से दिन पर दिन नई-नई शाखाएँ फूटती जाती हैं और भिन्न-भिन्न शाखाएँ एक-दूसरे से दूर हटती जाती हैं। एक विद्वान् ने आधुनिक गवेषणा की परिभाषा इस प्रकार दी है—"किसी विषय का गवेषणा कार्य आज वह ज्ञान है जो उक्त विषय के विशेषज्ञों को छोड़ कर और किसी की भी समझ में न आए।"

इस पुस्तक में केवल उन्हीं तथ्यों का समावेश किया है जिनकी सत्यता हमारे विचार में प्रायः असंदिग्ध रूप में प्रमाणित हो चुकी है। लगभग पंद्रह वर्ष हुए काशी हिंदू विश्वविद्यालय में गोवर्धन पीठ के अधीश स्वामी शंकराचार्य जी पधारे थे। वह गणित के विद्वान् थे। उन्होंने गणितीय विषयों पर कई व्याख्यान दिए थे। इन पंक्तियों के लेखक को व्यक्तिगत रूप से भी कई बार उनके चरणों में बैठने का सुअवसर मिला था। उन्होंने अपने व्याख्यानों और व्यक्तिगत वार्ता में कई

गणितीय सूत्र दिए थे जो इस प्रकार हैं–

(1) निखिलं नवतः चरमं दशतः; (2) शून्य साम्य समुच्चये; (3) चलित कलित वर्गों विवेचकः।

प्रथम दो पंक्तियों से तो उन्होंने अंकगणित और बीजगणित के कई नियम निकाल कर दिखाए थे। तीसरी पंक्ति का आधुनिक भाषा में यह अर्थ होगा–

(Differential Coefficient)^2 = Discriminant

अर्थात (अवकल गुणांक)^2 = विवेचक।

अब तनिक इस बीजगणितीय वर्ग समीकरण पर विचार कीजिए–

$$\text{कय}^2 + \text{खय} + \text{ग} = 0$$

उपरिलिखित सूत्र का बीजगणितीय रूपान्तर यह होगा–

$$(2\,\text{कय} + \text{ख})^2 = \text{ख}^2 - 4\,\text{क}\,\text{ग},$$

$$\text{अर्थात् य} = \frac{1}{2\text{क}}\left[-\text{ख} \pm \sqrt{\text{ख}^2 - 4\text{कग}}\right]$$

यही वर्ग समीकरण के हल का आधुनिक रूप है। इस प्रसर (Process) से स्पष्ट है कि उपरिलिखित सूत्र में वर्ग समीकरण का हल, अवकलन गणित (Differential) की विधि से निकालने का संकेत किया गया है। स्वामीजी ने इन सूत्रों का यह अभिदेश दिया था : अथर्व वेद–परिशिष्ट 1। मुझे अथर्ववेद के जितने भी संस्करण काशी के पुस्तकालयों में मिल सके, मैंने सब छान मारे। मुझे उपरिलिखित सूत्र कहीं नहीं मिले। मैंने शंकराचार्य जी को इस विषय में तीन पत्र लिखे। मुझे कोई उत्तर नहीं मिला। तत्पश्चात् मैं वेदों के उद्‌भट विद्वानों से मिला जैसे पं. गिरिधर शर्मा चतुर्वेदी और पंचगंगा घाट, काशी, के पं. रामचन्द्र भट्ट। उन्होंने बताया कि उपरिलिखित सूत्रों की भाषा ही वैदिक संस्कृत से मेल नहीं खाती। अतः यह वैदिक सूत्र हो ही नहीं सकते। इसके अतिरिक्त वेदों में कहीं गणितीय विषयों का उल्लेख है ही नहीं। इसी दौड़ धूप में मेरे हाथ निम्नलिखित पुस्तक लगी।

पाठको गणित के सभी अंगों का परिचय सांगोयांग कर सकें पुस्तकें बोझिल भी न हों, इस को दायरे में रखते हुए अंकगणित, बीजगणित, ज्यामिति प्रिज्ममिति कलन और फलन सिद्धांत, और सबसे महत्वपूर्ण हिन्दी में पहली बार गणित चित्रावली को प्रकाशित किया गया है उम्मीद है पाठक पसंद करेंगे।

मैंने यह ग्रंथ अपने मित्र डॉ. वासुदेव शरण अग्रवाल को दिखाया। उन्होंने उसे देखकर कहा कि उक्त पुस्तक में भी कहीं किसी गणितीय विषय का उल्लेख नहीं है।

–ब्रज मोहन

ज्यामिति

(१) नाम और प्रकृति

ज्यामिति गणित की तीन मुख्य शाखाओं में से एक है। इसके द्वारा **आकाश** (Space) के गुणों का अध्ययन किया जाता है। इसकी प्रारम्भिक शाखाएँ प्रत्येक स्कूल में पढ़ायी जाती हैं। समतल ज्यामिति (Plane Geometry) में हम समतल आकृतियों का अध्ययन करते हैं और ठोस ज्यामिति (Solid Geometry) में ठोसों का। या यों कहिए कि समतल ज्यामिति का विषय द्विविम (Two-dimensional) है और ठोस ज्यामिति का त्रिविम (Three-dimensional)। किन्तु जैसा इस इतिहास से स्पष्ट हो जायगा, ये दोनों शाखाएँ ज्यामिति का एक बहुत ही छोटा अंश हैं। अब ज्यामिति में ऐसे कई विषयों का समावेश हो गया है जिनका पहले आविष्कार ही नहीं हुआ था।

जैसा हम पिछले अध्याय में लिख आय हैं, भारत में ज्यामिति का आरम्भ शुल्व सूत्रों से हुआ। इन सूत्रों में यज्ञ वेदियाँ बनाने की विधियाँ दी जाती थीं। इस देश में प्राचीन समय में यज्ञ दो प्रकार के हुआ करते थे--नित्य अथवा विवशक, और काम्य अथवा ऐच्छिक। नित्य यज्ञ प्रत्येक हिन्दू को करने ही पड़ते थे। उनका न करना पाप समझा जाता था। काम्य यज्ञ किसी विशेष हेतु से किये जाते थे। पुत्र की प्राप्ति के लिए पुत्रेष्टि यज्ञ किया जाता था। इसी प्रकार रोगों से बचने के लिए अथवा व्यापारिक सफलता के लिए विशेष प्रकार के यज्ञ करने होते थे। इनका करना न करना व्यक्ति की इच्छा पर निर्भर था।

प्रत्येक प्रकार के यज्ञ के लिए एक विशेष प्रकार की वेदी बनायी जाती थी। वेदियों के निर्माण की विधियाँ बड़े विस्तारपूर्वक दी जाती थीं। उनकी रचना में तनिक सी भी त्रुटि होने से यह आशंका होती थी कि यज्ञ का फल प्राप्त नहीं होगा। इसीलिए भारत में शुल्व विज्ञान का इतना विकास हुआ। सूत्रों में यह दिया जाता था कि किस प्रकार के यज्ञ के लिए कौन सा स्थान उपयुक्त होगा, किस आकृति की

ईंटें लगगी, वेदी की आकृति किस प्रकार की होगी, उसकी लम्बाई, चौड़ाई और ऊँचाई क्या होगी इत्यादि। ईंटों की आकृति इनमें से कोई भी हो सकती थी—

वर्ग, समचतुर्भुज (Rhombus), समबाहु समलम्ब (Isosceles Trapezium), आयत, समकोण त्रिभुज, समद्वि समकोण त्रिभुज।

साधारणतः ईंटों की पाँच परतें लगायी जाती थीं और प्रत्येक परत में २०० ईंटें रखी जाती थीं। इस प्रकार वेदी मनुष्य के घुटने तक ऊँची होती थी।

इन शुल्व सूत्रों का समय ३००० वर्ष ई० पू० से भी पहले का माना जाता है। इतने प्राचीन समय में ज्यामिति शास्त्र का इन सूत्रों से पृथक् कोई अस्तित्व नहीं था। मध्यकालीन युग में उक्त विषय का नाम 'रेखागणित' पड़ा। कारण यह है कि उस समय की ज्यामिति मुख्यतः रेखाओं की रचना पर ही आधृत थी।

'ज्यामिति' का अंग्रेज़ी नाम 'ज्यॉमॅट्री' है। इसी नाम को तोड़ मरोड़कर 'ज्यामिति' बना लिया गया है। उक्त अंग्रेज़ी नाम 'ज्या' और 'मीटर' से बना है जिनका अर्थ है 'पृथ्वी' और 'माप'। इस विश्लेषण से स्पष्ट है कि यूरोप में इस विषय का आरम्भ पृथ्वी को नापने के प्रयत्न से हुआ। किन्तु नाम विषय से अधिक पुराना है। कम से कम ७०० ई० पू० तक इस नाम का प्रयोग मिलता है। किन्तु उस काल में यह शब्द उस विद्या का द्योतक था जिसे आज 'सर्वेक्षण' (Surveying) कहते हैं। यूरोप की ज्यामिति विषयक सर्व प्रथम व्यवस्थित पुस्तक यूक्लिड की ऐलीमॅण्ट्स (Elements) है जिसका जीवन काल ३०० ई० पू० के लगभग माना जाता है। उस समय तक उक्त विषय ने ज्यामॅट्री नाम नहीं अपनाया था। १२वीं शताब्दी ई० में यूक्लिड के ग्रन्थ का लॅटिन में अनुवाद हुआ। उक्त अनुवाद के विभिन्न संस्करणों में, कभी मुखपृष्ठ पर और कभी अन्तिम पृष्ठ पर, 'ज्यामॅट्री' लिखा रहता था। 'ज्यामॅट्री' शब्द का उक्त विषय के अर्थ में पहला ऐतिहासिक प्रयोग यही प्रतीत होता है। तब से अब तक यह शब्द बराबर इसी अर्थ में प्रयुक्त होता आ रहा है।

(२) ज्यामितीय अलंकार

मनुष्य स्वभाव से ही सौन्दर्य प्रेमी है। वह यथासाध्य प्रत्येक वस्तु को सजाकर रखना चाहता है। अंग्रेज़ी की एक कहावत है जिसका अर्थ है "मनुष्य उपयोग से भी पहले अलंकार पर ध्यान देता है।" यदि ऐसा न होता तो कुम्हार अपने बरतनों पर चित्र न बनाता, पुस्तकों की जिल्दें सुन्दर न दिखाई पड़तीं और मकान बनाने से पहले दस दस बार उसके नक़्शे न बनाय जाते। तनिक और दूर तक विचार कीजिए तो आप इस तथ्य पर पहुँचेंगे कि वास्तुकला (Architecture) का जन्म ही

न हुआ होता और अजन्ता तथा अलोरा के चित्रों का कोई अस्तित्व ही न होता। स्त्रियों के प्रसाधनों का आविष्कार ही न हुआ होता, छपाई और कढ़ाई के व्यवसाय अस्तित्व में न आते और बरतनों की नक्क़ाशी जैसी कोई विद्या ही न होती। जितना भी आगे आप सोचते जायँगे आप को यही दिखाई पड़ेगा कि संसार का ढाँचा ही कुछ दूसरा होता।

जबसे मनुष्य ने संसार में पदार्पण किया है तभी से उसके मन में कला प्रेम का आविर्भाव हुआ है। या यों कहिए कि विश्व में मानव जीवन और कला प्रेम साथ साथ उपजे हैं। एक समय था जब आधुनिक सभ्यता का अंकुर भी नहीं उगा था और मनुष्य प्रस्तर युग में रहता था। वह मकान तो पत्थर के बनाता ही था, उसके उपकरण और बरतन भी पत्थर के ही होते थे। कुछ समय पश्चात् उसने मिट्टी के पात्र बनाने सीखे। न जाने कितने राजा राज कर गये, सभ्यताएँ लुप्त हो गयीं, देशों के नक्शे बदल गये, किन्तु कुम्हार की कला अभी तक विद्यमान है। अन्तर केवल इतना ही है कि अब पहले से भिन्न आकार प्रकार के बरतन बनते हैं। किन्तु कला का मूल तत्त्व अब भी वही है।

मिट्टी का एक प्राचीन बरतन।

मिश्र का प्राचीन काल का मिट्टी का बरतन। इसका रचना काल ४०००–३४०० ई० पू० है। (न्यूयार्क के मैट्रोपॉलीटन संग्रहालय से)।

[जिन ऍण्ड कम्पनी की अनुज्ञा से, डेविड यूजीन स्मिथ कृत 'हिस्ट्री ऑफ मॅथॅमॅटिक्स' से प्रत्युत्पादित।]

प्रायः संसार के समस्त देशों में प्राचीन काल से आज तक किसी न किसी रूप में ज्यामितीय चित्र बनाये जाते रहे हैं। और ये चित्र जीवन के प्रायः सभी क्षेत्रों में, समाविष्ट रहते हैं। उत्सवों में, क़ब्रों पर, घर के बरतनों पर, दरियों, क़ालीनों पर, ऐतिहासिक स्मारकों पर, दीवारों पर, निर्धन की कुटिया पर, राज भवन पर—जीवन के सभी अंगों पर और प्रयोग की प्रायः समस्त सामग्री पर ज्यामितीय कला का प्रदर्शन मिलता है। इतिहासज्ञ और पुरातत्त्वविद प्राचीन सभ्यता के विषय में बहुत सी बातें उस समय के मिट्टी के बरतनों के अध्ययम से ही खोज निकालते हैं। कुछ संग्राहलयों की तो यही विशेषता होती है कि उनमें प्राचीन मिट्टी के बरतन संगृहीत किये जाते हैं।

यदि कोई प्राचीन बरतनों का ही ब्योरेवार अध्ययन करता जाय तो उसे पता चलता जायगा कि उक्त समय के निवासियों में ज्यामितीय बुद्धि का किस प्रकार विकास होता गया। अति प्राचीन काल में तो बरतनों पर केवल टेढ़ी मेढ़ी लकीरें बनायी जाती थीं। तत्पश्चात् ये लकीरें समान्तर होने लगीं। और थोड़े समय पश्चात् आयताकार और त्रिभुजाकार आकृतियाँ भी बनने लगीं। कहीं कहीं वृत्त, समचतुर्भुज और स्वस्तिका भी दृष्टिगोचर होने लगे। व्यावहारिक दृष्टि से देखा जाय तो कहना पड़ेगा कि ज्यामिति की नींव कला द्वारा ही पड़ी।

कांसे की एक प्राचीन सुराही।

'काँसा युग' की साइप्रस की एक सुराही। समय ३०००–२००० ई० पू० मैट्रोपॉलीटन संग्रहालय, न्यूयॉर्क।

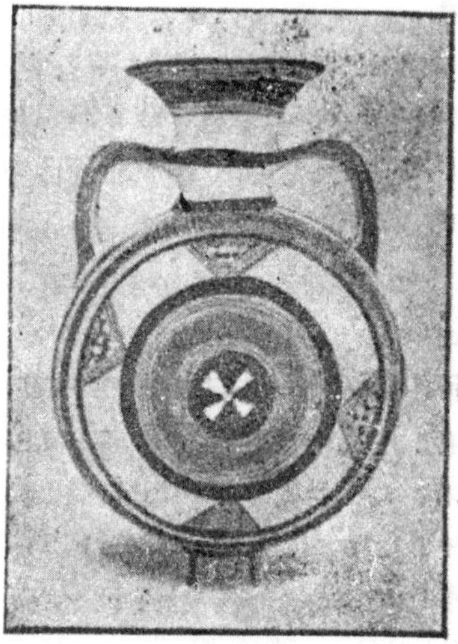

लौह युग का झंझर।

'लौह युग' का साइप्रस का एक झंझर। समय १०००–७५० ई० पू० मैट्रोपॉलीटन संग्रहालय, न्यूयॉर्क।

[जिन एंड कम्पनी की अनुज्ञा से, डेविड् यूजीन स्मिथ कृत 'हिस्ट्री ऑफ़ मैथेमॅमिक्ट' से प्रत्युत्पादित।]

आठवीं शताब्दी का झंझर ।

८ वीं शताब्दी ई० पू० का एक झंझर ।

[जिन एंड कम्पनी की अनुज्ञा से, डेविड् यूजीन स्मिथ कृत 'हिस्ट्री ऑफ़ मॅथॅमॅटिक्स' से प्रत्युत्पादित ।]

(३) पूर्व ऐतिहासिक काल से ३०० ई० पू० तक

चीन

चीन की गणितीय कृति कहलाने योग्य सबसे प्राचीन पुस्तक चउ-पेइ है। इसके लेखक और रचना काल का कुछ पता नहीं है। किन्तु उक्त पुस्तक में कई संवाद दिये गये हैं जो राजकुमार चउ-कंग और उसके मन्त्री शंग-काव में हुए थे। और चउ-कंग की मृत्यु ११०५ ई० पू० में हुई थी। इससे अनुमान लगता है कि चउ-पेइ का

रचना काल ११०० ई० पू० के आस पास ही रहा होगा। चउ-कंग के सम्बन्ध में कई कहानियाँ प्रसिद्ध हैं। उन में से एक यह है कि वह कभी कभी स्नानागार से, गीले बाल हाथों में लिये, यों ही निकल आया करता था और उसी दशा में अपने मन्त्रियों से परामर्श किया करता था। एक लोकोक्ति यह भी है कि उसकी कलाई इतनी मुलायम थी कि फिरकी की भाँति चारों ओर घूम जाती थी।

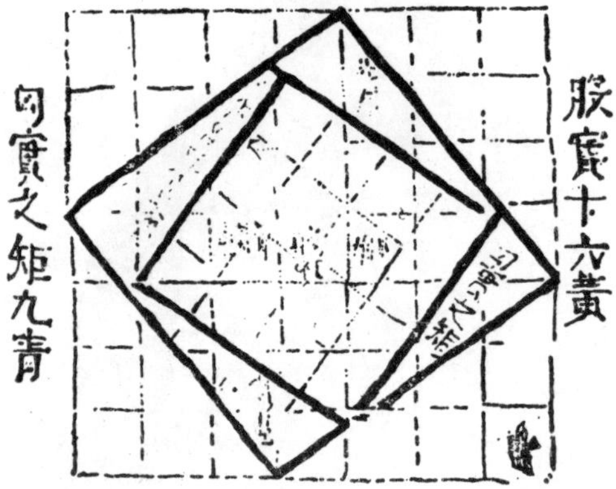

चउ-पेइ का एक चित्र।

[जिन एंड कम्पनी की अनुज्ञा से, डेविड् यूजीन स्मिथ कृत 'हिस्ट्री ऑफ़ मॅथॅमॅटिक्स' से प्रत्युत्पादित।]

ऊपर दिये हुए चित्र से यह पता चलता है कि इतने प्राचीन काल में भी चीनियों को यथाकथित **पिथॅगोरस के प्रमेय** का ज्ञान था यद्यपि उक्त ग्रन्थ में इस प्रमेय की कोई उपपत्ति नहीं दी गयी है। उपरिलिखित चित्र के अतिरिक्त चउ-पेइ में कहीं कहीं पर इसी प्रमेय से सम्बद्ध प्रश्न और निर्मेय भी मिलते हैं। स्मिथ ने अपने इतिहास के पहले भाग के पृ० ३१ पर उक्त पुस्तक के एक अंश का इस प्रकार अनुवाद किया है—

"रेखा को तोड़ो और चौड़ाई ३, लम्बाई ४ लो। तो कोनों की मध्यस्थ दूरी ५ होगी।"

चीन की अगली उल्लेखनीय गणितीय पुस्तक 'क्यू चंग स्वान शू' (नौ विभागों में अंकगणित) है। यह चीन की सबसे महान् गणितीय कृतियों में से है। इस ग्रन्थ में इन प्रकरणों का समावेश है—

(i) फ़ंग तिर्येन (खेत का वर्गण)। इस अध्याय का विषय सर्वेक्षण है। इसमें π का मान ३ लिया गया है और विभिन्न आकृतियों के क्षेत्रफलों के सूत्र दिये गये हैं जैसे त्रिभुज, समलम्ब, वृत्त ।

(ii) सू मी (नाजों का परिकलन)। इस अध्याय का विषय प्रतिशतता और समानुपात है।

(iii) श्वाइ-फ़्रैन (भागों का परिकलन)—साझा और त्रैराशिक ।

(iv) शाव-कुअंग (लम्बाई निकालना)—आकृतियों की भुजाओं की लम्बाइयाँ, वर्ग और घन मूल।

(v) शंग-कुंग (आयतन निकालना)।

(vi) चून-शू (मिश्रण)—गति और मिश्रण सम्बन्धी प्रश्न ।

(vii) यिंग-पू-त्सू (आधिक्य और न्यूनता)—मिथ्या स्थान नियम ।

(viii) फ़ंग चेंग (समीकरण)—युगपत् एकघात समीकरण और सारणिक ।

(ix) कउ-कू (समकोण त्रिभुज)

इस ग्रन्थ के लेखक और रचना काल भी ज्ञात नहीं है। किन्तु इतना पता है कि चीन के सम्राट् शी ह् वांग ती ने २१३ ई० पू० में यह राजाज्ञा निकाली कि समस्त पुस्तकें जला दी जायँ और सब विद्वानों को जीवित दफ़ना दिया जाय। तिस पर भी कुछ पुस्तकें जलाने से अवश्य ही बच गयी होंगी, और कुछ जो लोगों को कण्ठस्थ थीं, दुबारा लिख ली गयी होंगी। उक्त घटना के कुछ ही समय पश्चात् एक चीनी गणितज्ञ चंग संग हुआ है जिसने पिछले लेखकों की कृतियों का एक संग्रह प्रकाशित किया। अनुमान है कि स्वान शू भी उसी ने लिखी। किंवदन्ती है कि उक्त ग्रन्थ चउ-कंग ने अपनी ही देख रेख में तैयार कराया था। इस प्रकार स्वान शू का रचना काल १००० ई० पू० से पहले का ही बैठता है।

यथाकथित 'पिथॅगोरस का प्रमेय'

यह बात अब अधिकांश इतिहासज्ञ मानने लगे हैं कि 'पिथॅगोरस का प्रमेय' शुल्व सूत्रों के लेखकों को पिथॅगोरस के जन्म से सैकड़ों वर्ष पहले ज्ञात हो चुका था। अतः अब हम इसे 'शुल्व प्रमेय' कहेंगे। स्मिथ ने अपने इतिहास के भाग १ के पृ० ९७ पर लिखा है कि "शुल्व सूत्रों में पिथॅगोरस के प्रमेय का न्यास (Statement) स्पष्ट शब्दों में दिया गया है, किन्तु हिन्दुओं को उक्त प्रमेय की ज्यामितीय उपपत्ति का आभास

भी नहीं हुआ था।" हम इस प्रकरण में स्मिथ के उपरिलिखित कथन को सत्य की कसौटी पर कसेंगे। हमें तत्सम्बन्धी बहुत सी जानकारी डा० दत्त की शुल्व सम्बन्धी पुस्तक से प्राप्त हुई है जिसका उल्लेख हम पिछले अध्याय में कर चुके हैं।

सर्व प्रथम हम बौधायन शुल्व सूत्र (i) का ४८ वाँ श्लोक यहाँ देते हैं—

दीर्घचतुरश्र स्यान्कया रज्जुः पार्श्वमानी तिर्य्यङ्मानी च यत् पृथग्भूते कुरुतस्तदुभय करोति।

आपस्तम्ब शुल्व (i) का चौथा श्लोक भी उल्लेखनीय है—

दीर्घस्याऽक्ष्णयारज्जुः पार्श्वमानी तिर्यङ्मानी च यत् पृथगभूते कुरुतस्तदुभयं करोति।

कात्यायन शुल्व (ii) के ११ वें श्लोक के शब्द भी प्रायः यही हैं।

भावार्थ—आयत का विकर्ण दोनों क्षेत्रफलों को उत्पन्न करता है जिन्हें लम्बाई और चौड़ाई अलग अलग उत्पन्न करती हैं।

अर्थात् 'किसी आयत के विकर्ण पर खींचा गया वर्ग क्षेत्रफल में उन दोनों वर्गों के समान होता है जो दोनों भुजाओं पर खींचे जायँ।'

शुल्वकारों ने इस श्लोक के पश्चात् सुमेय आयतों के कुछ उदाहरण भी दिये हैं—

(क) $३^२+४^२=५^२$,

(ख) $५^२+१२^२=१३^२$,

(ग) $७^२+२४^२=२५^२$

(घ) $८^२+१५^२=१७^२$

(ङ) $१२^२+३५^२=३७^२$

तत्पश्चात् शुल्वों में कुछ अन्य उदाहरण भी दिये गये हैं, किन्तु वे इन्हीं संख्याओं के अपवर्त्यों से उत्पन्न होते हैं।

उपरिलिखित उदाहरणों से यह निष्कर्ष नहीं निकालना चाहिए कि हिन्दुओं को शुल्व प्रमेय के केवल कुछ उदाहरण ही ज्ञात थे, उन्हें सार्विक सूत्र का पता ही नहीं था। ऊपर दिये हुए समस्त उदाहरण सुमेय राशियों के हैं। किन्तु शुल्वों में असुमेय राशियों के उदाहरण भी मिलते हैं। अश्वमेध की वेदी में इस समकोण त्रिभुज का प्रयोग दृष्टिगोचर होता है—

$१५\sqrt{२}$, $३६\sqrt{२}$, $३९\sqrt{२}$.

इसके अतिरिक्त सौत्रामणि की वेदी में इस समकोण त्रिभुज का प्रयोग होता है—

$५\sqrt{३}$, $१२\sqrt{३}$, $१३\sqrt{३}$.

अतः, यह असम्भव है कि भारतीय गणितज्ञों को उक्त प्रमेय का सार्विक रूप ज्ञात न हो। कात्यायन में उक्त प्रमेय के न्यास के अन्त में यह वाक्य आता है—

इति क्षेत्र ज्ञानम्

अर्थ—यह ज्ञान क्षेत्रों (समतल आकृतियों) के सम्बन्ध में है।

इस वाक्य से स्पष्टतः यह निष्कर्ष निकलता है कि शुल्वकारों को प्रमेय का ज्यामितीय रूप भी ज्ञात था। इस कथन की पुष्टि के और भी कई प्रमाण शुल्व सूत्रों में ही मिल जाते हैं। कात्यायन के निम्नलिखित श्लोकों पर विचार कीजिए।

द्विप्रमाणा चतुः करणी त्रिप्रमाणा नवकरणी चतुः प्रमाणा षोडश करणी।

अर्धप्रमाणेन पादप्रमाणं विधीयते।

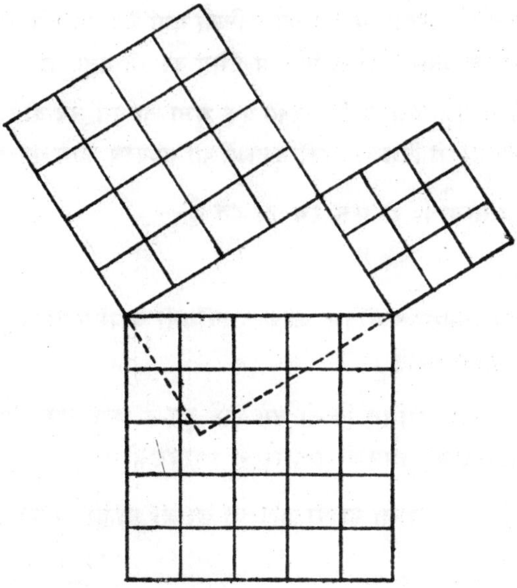

शुल्व प्रमेय का ज्यामितीय प्रदर्शन।

आधुनिक ज्यामितीय भाषा में हम इन श्लोकों का भावार्थ इस प्रकार देंगे—

'दुगुनी रेखा से चार वर्ग बनेंगे, तिगुनी रेखा से ९ वर्ग बनेंगे, चौगुनी रेखा से १६, आधी रेखा से चौथाई वर्ग बनेगा।'

अब इस सम्बन्ध में आपस्तम्ब (iii) ७ और कात्यायन (iii) ९ पर विचार करना आवश्यक है जिनका भावार्थ इस प्रकार होगा—

"जितने मात्रक किसी रेखा में होंगे, वर्गों की उतनी ही पंक्तियाँ उसके वर्ग में होंगी।"

अब इस नियम का किसी समकोण त्रिभुज पर प्रयोग करके देखिए तो इस प्रकार की आकृति प्राप्त होगी। (देखिए चित्र ५७)

आकृति से स्पष्ट है कि इसमें शुल्व प्रमेय का ज्यामितीय प्रदर्शन सन्निहित है।

शुल्व प्रमेय का प्रयोग शुल्वों में दो चार नहीं, दसियों स्थानों पर हुआ है। किसी आयत के बराबर एक वर्ग बनाना, वर्ग के बराबर एक आयत बनाना जिसकी एक भुजा दी हो, √२, √३,......की ज्यामितीय रचना निकालना इत्यादि— ऐसे समस्त निर्मेयों में उक्त प्रमेय का सहारा लिया गया है। सूत्रों से यह भी पता चलता है कि शुल्वकारों को निम्नलिखित विलोम प्रमेय का भी पता था—

"यदि कोई त्रिभुज ऐसा है कि उसकी एक भुजा का वर्ग शेष दोनों भुजाओं के वर्गों के योग के बराबर हो तो पिछली दोनों भुजाओं का मध्यस्थ कोण एक समकोण होगा।"

हम यहाँ तत्सम्बन्धी दो एक रचनाएँ देते हैं—

बौधायन—

नाना चतुरस्रे समस्यनकनीयसः करण्या वर्षीयसो वृध्रमुल्लिखेत् वृध्रास्याक्ष्णारज्जुः समस्तया पार्श्वमानी भवति।

उदाहरण—मान लीजिए कि दो वर्ग दिये हुए हैं और एक ऐसा वर्ग बनाना है जो क्षेत्रफल में इन दोनों क्षेत्रफलों के जोड़ के बराबर हो।

यदि दिये हुए वर्ग का खा गा घा और चा छा जा झा हों तो का खा में से का या= चा छा काट लो।

घा या को जोड़ो।

अब, का या^{2}+का घा^{2}= घा या^{2},

अर्थात् चा छा^{2}+का घा^{2}= घा या^{2}।

अतः यदि घा या पर एक वर्ग खींचा जाय तो उसका क्षेत्रफल दोनों दिये हुए वर्गों के क्षेत्रफल के जोड़ के बराबर होगा।

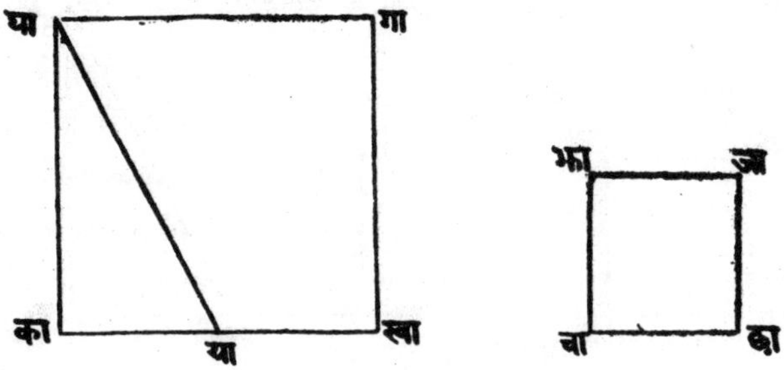

दो शुल्व सूत्रीय क्षेत्रफल।

अब शुल्व प्रमेय की एक विशिष्ट दशा पर भी विचार कीजिए।

बौधायन (i) ४५—

समचतुरस्त्रस्याक्ष्णयारज्जुर्द्विस्तावतींभूमिं करोति ।

आपस्तम्ब (i) ५—

चतुरस्त्रस्याक्षणयारज्जुर्द्विस्तावतीं भूमिं करोति ।

कात्यायन (ii) १२—

समचतुरस्त्रस्याक्षणया रज्जुर्द्विकरणी ।

इन समस्त श्लोकों का अर्थ एक ही है—

किसी वर्ग के विकर्ण का वर्ग (मौलिक) वर्ग का दुगुना होता है।

इस प्रकार यह सिद्ध होता है कि शुल्वकार √२, √३,...की ज्यामितीय रचना की विधि भी जानते थे। इन रचनाओं और ऐसी ही अन्य रचनाओं के लिए शुल्व प्रमेय के सार्विक ज्यामितीय रूप का ज्ञान अनिवार्य था।

कुछ शुल्वकारों ने वर्ग वाली विशिष्ट दशा आयत वाले सार्विक प्रमेय से पहले दी है। यज्ञ वेदियों में से एक प्रकार की वेदी का नाम 'दक्षिण वेदी' था। उसकी रचना में एक वर्ग बनाया जाता था जिसका क्षेत्रफल दूसरे वर्ग के क्षेत्रफल का दुगुना हो। इस प्रकार हम देखते हैं कि कम से कम वर्ग वाली विशिष्ट दशा तो अति प्राचीन है क्योंकि दक्षिण वेदी की रचना सम्बन्धी सूत्र ऋग्वेद से भी पुराने हैं। और ऋग्वेद

३००० ई० पू० से पहले का है। अतः यह मानना पड़ेगा कि शुल्व प्रमेय की वर्ग वाली दशा का ज्ञान ३००० ई० पू० से भी पहले का है।

हमने पिछले अध्याय में कुछ ज्यामितीय रचनाएँ दी हैं। ऐसी बहुत सी अन्य रचनाओं का उल्लेख शुल्व सूत्रों में मिलता है जो बिना शुल्व प्रमेय की सहायता के सम्भव ही नहीं है। काम्य यज्ञ की वेदियों में से एक का नाम है चतुरस्र-श्येन-चित् जिसमें एक ऐसा वर्ग बनाना होता है जिसका क्षेत्रफल ७$\frac{1}{2}$ वर्ग मात्रक हो। इसकी रचना में चार वर्ग बनाने होते हैं जिनकी भुजा १ मात्रक हो, दो आयत बनाने होते हैं जिनकी भुजाएँ १×१$\frac{1}{5}$ हों और एक आयत जिसकी भुजाएँ १×१$\frac{1}{10}$ हों।

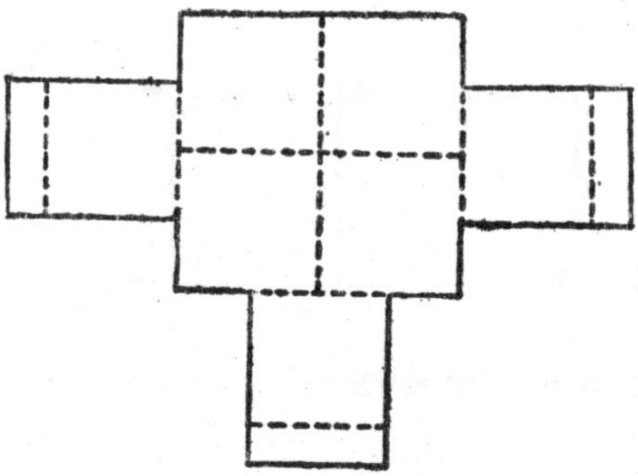

श्येनचित् वेदी में शुल्व प्रमेय।

इस वेदी की रचना से स्पष्ट है कि इसमें शुल्व प्रमेय का प्रयोग किया गया है। इसके अतिरिक्त शुल्व सूत्रों में ऐसी अनेक रचनाएं हैं जिनमें किसी वर्ग के १$\frac{1}{2}$, २$\frac{1}{2}$, ३$\frac{1}{2}$,......गुने क्षेत्रफल का वर्ग बनाना होता है।

इस प्रकार शुल्व प्रमेय की प्राचीनता में तो तनिक भी सन्देह नहीं रह जाता। इस सम्बन्ध में हम पाठकों का ध्यान निम्नलिखित कृतियों की ओर आकृष्ट करते हैं—

(1) J. C. Allman : Greek Geometry from Thales to Euclid, Dublin (1889) pp. 29, 37.

(2) C. A. Bretschneider : Die Geometrie und die Geometer vor Eukleides, Leipzig (1870) 82.

(3) A. Bürk : Zeitschrift der deutschen morgenländischen Gessellschaft LV pp. 556 f.

(4) M. Cantor : Vorlesungen über Geschichte der Mathematike, 3rd ed. Bd. I, 185

(5) J. Gow : A short History of Greek Mathematics, Cambridge (1884) 155 f.

(6) H. Hankel : Zur Geschichte der Mathematike in Alterthurn und Mittealter, Leipzig (1874) 97 f.

(7) T. L. Heath : The Thirteen Books of Euclid's Elements in 3 vols., Cambridge (1908) I, 352 f.

(8) G. Junge : "Wann Haben die Grieschen das Irrationale entdeckt"—Novae Symbolae Joachimicae, Halle (1907) 221-64 quoted by Heath I, 351.

(9) C. Müller : "Die Mathematike der Śulvasütra", Abhand a. d. Math. seminar. d. Hamburgischen univ. Bd. vii (1929) 175-205.

(10) G. Thibaut : Śulbasūtras.

शुल्व प्रमेय के विषय में एक बड़ी विलक्षण बात यह है कि इस का कोई प्रमाण नहीं है कि पिथॅगोरस ने इसकी कोई उपपत्ति निकाली थी। पिथॅगोरस का जीवन काल छठी ई० पू० था। उसके लगभग ५०० वर्ष पश्चात् लोगों ने कहना आरम्भ किया कि उसने शुल्व प्रमेय का आविष्कार किया था। और यह अनुमान एक अस्पष्ट, भ्रमोत्पादक कथन पर आधृत था। इस प्रकार पिथॅगोरस को मुफ्त में ही श्रेय मिल गया। हॅंकॅल और यूंग तो निश्चित रूप से यह कहते हैं कि उक्त प्रमेय की कोई उपपत्ति पिथॅगोरस ने दी ही नहीं। अल्मॅन और कॅण्टर ने यह अनुमान लगाया है कि कदाचित् पिथॅगोरस ने कोई उपपत्ति दी हो। किन्तु उनके तर्क सन्तोषजनक नहीं हैं।

ब्रॅट्श्नाइडर का विचार है कि उक्त प्रमेय की जो उपपत्ति पिथॅगोरस के नाम से सम्बद्ध है, वास्तव में वही है जो ११५० ई० में भास्कर ने दी थी। हॅंकॅल एक पग और आगे बढ़कर कहते हैं कि "वास्तव में उक्त उपपत्ति की उत्पत्ति में यूनानी शैली का तो आभास भी नहीं है, उसमें तो भारतीयता झलकती है।" हॅंकॅल की उक्त टिप्पणी का समर्थन अल्मॅन, हीद और गाउ ने भी किया है। इसी बिना पर हीद ने यह सुझाव दिया है कि इस प्रमेय का नाम 'कर्ण के वर्ग का प्रमेय' होना चाहिए। हिन्दू गणित में यह प्रमेय कर्ण के वर्ग के रूप में नहीं दिया गया है, वरन् आयत के विकर्ण के वर्ग के रूप में दिया गया है। अतः डा० दत्त के विचार में इसका नाम 'विकर्ण के वर्ग का प्रमेय' अधिक उपयुक्त होगा। पश्चिमी गणितज्ञों ने बिना किसी प्रमाण के, केवल अटकल के सहारे उक्त प्रमेय का सारा श्रेय पिथॅगोरस को दे दिया। किन्तु पर्याप्त

प्रमाण होते हुए भी हिन्दुओं को इस श्रेय से वंचित रखा। सब बातों पर विचार करने से हम उक्त प्रमेय के विषय में इन निष्कर्षों पर पहुँचते हैं—

(क) यह बात निर्विवाद रूप से सिद्ध है कि शुल्व प्रमेय ४०००–३००० ई० पू० में ही हिन्दुओं को ज्ञात था। वह उक्त प्रमेय के केवल अंकगणितीय उदाहरणों से ही परिचित नहीं थे, वरन् उसके सार्विक ज्यामितीय रूप के भी ज्ञाता थे।

(ख) हिन्दुओं ने कहीं पर भी शुल्व प्रमेय की कोई उपपत्ति नहीं दी है। इस बात की अत्यधिक सम्भावना है कि उन्हें उक्त प्रमेय की कोई उपपत्ति भी प्राप्त हो गयी थी, किन्तु हमारे पास इस बात का कोई अकाट्य प्रमाण नहीं है।

(ग) ११०० ई० पू० के लगभग चीन में भी उक्त प्रमेय का आभास मिल चुका था जैसा कि हम ऊपर लिख चुके हैं। यह सम्भव है कि चउ-पेइ के लेखक को भी उसकी कोई उपपत्ति न मिली हो।

(घ) पिथॅगोरस ने उक्त प्रमेय की कोई उपपत्ति दी ही नहीं। अतः शुल्व प्रमेय के आविष्कार का सर्व प्रथम श्रेय शुल्वकारों को मिलना चाहिए, दूसरा श्रेय चउ-पेइ के लेखक को। पिथॅगोरस उक्त श्रेय के तनिक से भी अंश का भागी नहीं है।

बब्लिन (बाबुल)

बब्लिन के आरम्भिक काल के अंकगणितीय ज्ञान का उल्लेख हम एक पिछले अध्याय में कर चुके हैं। उक्त भूखण्ड ने ज्यामिति में भी कुछ प्रगति दिखाई थी। १५०० ई०पू० के लगभग ही इन लोगों को ज्यामिति के कुछ सूत्रों का ज्ञान हो गया था। ये लोग वर्ग, आयत, समकोण त्रिभुज और समलम्ब का क्षेत्रफल निकाल लेते थे। सम्भवतः कुछ ठोसों के आयतन के सूत्र भी इन्हें ज्ञात थे जैसे समान्तरफलक (Parallelepiped) और बेलन (Cylinder)।

मिस्र

मिस्र की अति प्राचीन ज्यामितीय कृतियाँ उसके सूचीस्तम्भ (Pyramids) हैं। यदि इनको प्राचीन इंजीनियरी चमत्कार भी कहें तो कोई अत्युक्ति न होगी। ये सूचीस्तम्भ ३००० ई० पू० से भी पहले के बताये जाते हैं। इनके आधार वर्गाकार हैं और पार्श्व फलक (Side faces) समद्विबाहु त्रिभुज (Isosceles Triangles)। इनकी उत्पत्ति इस प्रकार हुई कि प्राचीन काल में मिस्र में पहले एक वर्गाकार गड्ढा बनाया जाता था। उस में मुर्दे गाड़ दिये जाते थे। गड्ढे पर बाँस खड़ा करके उसे

खपच्चियों और झाड़ झंकाड़ से पाट कर ऊपर से बालू से ढक दिया जाता था। जैसे जैसे समय बीतता गया, इन क़ब्रों की निर्माण विधि में अन्तर पड़ता गया और आवश्यकता ने कला का रूप धारण कर लिया।

ये सूचीस्तम्भ सदैव राजघरानों के सदस्यों के लिए ही बना करते थे। प्रत्येक राजा का एक मन्दिर होता था जिसमें पूर्व की ओर एक द्वार रहता था। राजा उक्त द्वार में से अन्दर जाकर पश्चिम की ओर मुँह करके पूजा किया करता था। सूचीस्तम्भ सदैव मन्दिर के पश्चिम की ओर बनाया जाता था, और उसकी पश्चिम की

चट्टान काट कर बनाया हुआ एक मिस्री मन्दिर।
[इन्साइक्लोपीडिया ब्रिटॅनिका से]

दीवार में एक द्वार बनाया जाता था। किंवदन्ती है कि उक्त द्वार से ही दिवंगतात्मा दूसरे संसार को जाया करती थीं।

अधिकतर सूचीस्तम्भों का प्रवणता कोण (Angle of Slope) लगभग अचर (५१° के आस पास) है। किन्तु कुछ सूचीस्तम्भों के कोण ४५° से ७४° तक के हैं। एक अनुमान यह है कि इन सूचीस्तम्भों के आधार का आधे उच्चत्व से अनुपात अचर है और π के बराबर है। सम्भव है यह अनुमान सत्य हो क्योंकि इससे π का मान ३.१४ आता है।

मिस्र के राजाओं में से अमेनेंमहट ३ अथवा 'मोरिस' का नाम विशेष उल्लेखनीय है। इसका राज्य काल १८५० के आस पास था। इसके समय में मिस्र में सिंचाई की एक बृहत् योजना चालू की गयी। इससे पता चलता है कि इतने प्राचीन काल में भी मिस्रियों ने सर्वेक्षण और मापिकी का पर्याप्त ज्ञान प्राप्त कर लिया था। लोगों का यह

भी अनुमान है कि अहमिस पॅपिरस इसी के राज्य काल में लिखा गया था जिसका उल्लेख हम एक पिछले अध्याय में कर चुके हैं।

जिस समय का हम उल्लेख कर रहे हैं, उसे मिस्र का सामन्त युग कह सकते हैं। उक्त युग का अन्त १८०० ई० पू० के लगभग हुआ। उन दिनों मिस्र में डाक प्रथा चालू हो गयी थी, तिथिपत्र बनने लगे थे और नदियों के उतार चढ़ाव के अभिलेख भी तैयार हो गये थे। अतः हम कह सकते हैं कि उस समय तक मिस्र के गणितीय ज्ञान का कुछ कुछ विकास हो चुका था।

अहमिस पॅपिरस का विषय मुख्यतः व्यवहार गणित है, किन्तु उसमें कुछ प्रश्न मापिकी, श्रेणियों और समीकरणों पर भी हैं। उक्त ग्रन्थ का पहला प्रश्न इस प्रकार है—

"(वह राशि बताओ जिसका) पूरा और ७ वाँ भाग मिलाकर १९ होते हैं।"

इस प्रश्न का निरूपण इस समीकरण से होता है—

$$\text{य}+\frac{\text{१}}{\text{७}}\text{य} = \text{१९}.$$

हल करने की विधि 'परख भूल विधि' ही थी।

मिस्र की चित्रलिपि में यह समीकरण

$$\text{य}\left(\frac{\text{२}}{\text{३}}+\frac{\text{१}}{\text{२}}+\frac{\text{१}}{\text{७}}+\text{१}\right) = \text{३७}$$

इस प्रकार लिखा जाता था—

मिस्र की चित्रलिपि।

(इन्साइक्लोपीडिया ब्रिटॅनिका से)

मिस्र की धर्मलिपि (Heiratics) में यही समीकरण इस प्रकार लिखा जायगा—

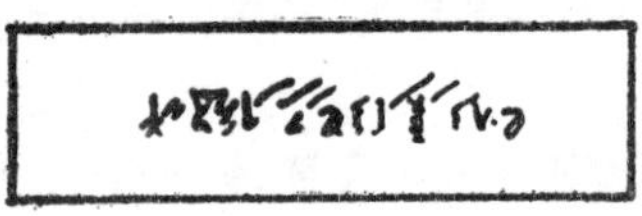

मिस्र की धर्मलिपि

(इन्साइक्लोपीडिया ब्रिटॅनिका से)

अहमिस में वर्गों, आयतों, समद्विबाहु त्रिभुजों और समलम्बों के क्षेत्रफल निकाले गये हैं। वृत्त के क्षेत्रफल के लिए निम्नलिखित सूत्र दिया गया है—

$$(\text{व्यास} - \tfrac{1}{9}\,\text{व्यास})^2$$

इस सूत्र से π का मान ३.१६ आता है। उस समय के हिसाब से इतना सूक्ष्म मान दे देना श्रेयस्कर था।

अहमिस में सूचीस्तम्भों के जो नाप दिये गये हैं, भ्रमोत्पादक हैं, किन्तु उसी समय के एक अन्य पॅपिरस में एक आयताकार सूची स्तम्भ के छिन्नक (Frustum) का ठीक ठीक आयतन दिया गया है।

सिसॉस्ट्रिस मिस्र का एक पौराणिक राजा हुआ है। इसका जीवन काल १३४७ ई० पू० के लगभग आरम्भ हुआ था। हॅरोडोटस (लगभग ४८४–४२५ ई० पू०) लिखता है कि सिसॉस्ट्रिस ने सारे संसार को जीता, अपने देश के लिए क़ानून बनाया और देश के निवासियों में भूमि का विभाजन किया। जैसी जिसकी फ़सल होती थी, वैसा ही उससे लगान लिया जाता था। मिस्र की सामान्य जनता का ज्यामिति से प्रथम परिचय इसी प्रकार हुआ।

यूनान

हम एक पिछले अध्याय में यूनान के अंकगणितीय कार्य का विवरण दे चुके हैं। किन्तु यूनान की प्रतिभा सबसे अधिक ज्यामिति के क्षेत्र में चमकी। यों तो ज्यामिति के कुछ सिद्धान्तों से मिस्र वाले परिचित हो चुके थे, किन्तु उक्त विषय को व्यवस्थित रूप सर्व प्रथम यूनान ने ही दिया। यूनानी गणितज्ञ ज्यामिति में इतने बझ गये थे कि उन्होंने अधिकांश अंकगणितीय और बीजगणितीय प्रश्नों को भी ज्यामितीय विधि से ही हल किया। यूनान के इतिहास का ९वीं से ७वीं शताब्दी ई० पू० तक का काल "ज्यामितीय युग" कहलाता है। इस युग में ज्यामितीय आकृतियों का प्राधान्य था। मिट्टी के बर्तनों पर, मन्दिरों पर, क़ब्रों पर—सर्वत्र कलापूर्ण ज्यामितीय आकृतियां दिखाई पड़ती थीं। त्रिभुजों, वृत्तों और समभुजों (Lozenges) में इनकी विशेष रुचि थी।

थेल्स (Thales) (६४०–५४६ ई० पू०) मिलेटस (Miletus) नगर का निवासी था। यह एक गणितज्ञ, दार्शनिक और ज्यौतिषी था। यह यूनान के 'सात चुने हुए बुद्धिमानों' में से एक था। इसने सूर्य ग्रहण के विषय में एक भविष्यवाणी की थी जो सच निकली। इसी से इसकी ख्याति देश भर में फैल गयी। इसने मिस्र जाकर ज्यामिति सीखी। थेल्स के समय तक लोग इतनी ही ज्यामिति जानते थे कि

ठोसों के तल और आयतन निकाल लें। थेल्स ने पहले पहल यह प्रश्न उठाया कि किसी आकृति की भिन्न भिन्न रेखाओं में क्या पारस्परिक सम्बन्ध होता है, और इस प्रकार 'रेखा ज्यामिति' की नींव डाली।

थेल्स ने निम्नलिखित ज्यामितीय साध्यों का आविष्कार किया—

(१) प्रत्येक वृत्त अपने किसी भी व्यास पर समद्विभाजित होता है।

(२) किसी समद्विबाहु त्रिभुज के आधार कोण बराबर होते हैं।

(३) जब दो ऋजु रेखाएँ एक दूसरे को काटती हैं तब सम्मुख शीर्ष कोण बराबर होते हैं।

(४) अर्धवृत्त का कोई भी कोण एक समकोण होता है।

(५) समरूप त्रिभुजों की भुजाएँ समानुपाती होती हैं।

(६) दो त्रिभुज सर्वांगसम होते हैं यदि उनके दो कोण और एक भुजा बराबर हों।

थेल्स ने उक्त प्रमेयों का दो व्यावहारिक प्रश्नों पर प्रयोग भी किया—

(क) समुद्र में किसी जहाज़ की दूरी निकालना।

(ख) किसी सूचीस्तम्भ की छाया नाप कर उसकी ऊँचाई निकालना।

आज हमें उपरिलिखित प्रमेय बहुत सरल और महत्त्वहीन दिखाई पड़ते हैं, किन्तु संसार के उक्त समय के ज्यामितीय ज्ञान के विचार से ये साध्य बहुत ही महत्त्वपूर्ण हैं। थेल्स के प्रथम दो साध्यों में रेखा ज्यामिति, समीकरण और संमिति के भावों की नींव है।

पिथॅगोरस

पिथॅगोरस ने ज्यामिति की बहुत सी परिभाषाओं का निर्माण किया। इसके अतिरिक्त उसने बहुत से ज्यामितीय प्रमेयों को सिद्ध किया और रचनाओं की विधि निकाली—

(i) किसी त्रिभुज के तीनों कोणों का योग दो समकोण होता है।

(ii) एक बहुभुज बनाना जो क्षेत्रफल में एक दिये हुए बहुभुज के बराबर हो और एक दूसरे दिये हुए बहुभुज के समरूप हो।

(iii) पाँच सम बहुफलकों (Polyhedra) की रचना।

पिथॅगोरस को चतुष्फलक (Tetrahedron) और द्वादशफलक (Dodecahedron) की रचना तो अवश्य ज्ञात थी। यह सम्भव है कि अष्टफलक (Octahedron) और विंशतिफलक (Icosahedron) की रचना का आविष्कार एक अन्य गणितज्ञ थीटेटस (Theaetetus) ने किया हो।

(iv) किसी ऋजुरेखाकृति के समरूप और एक दूसरी ऋजुरेखाकृति के बराबर एक अन्य ऋजुरेखाकृति बनाना।

सम्भवतः पिथॅगोरस ने लोगों को यह भी बताया कि पृथ्वी अन्तरिक्ष में एक गोला है। इस प्रकार हम देखते हैं कि पिथॅगोरस ने ज्यामिति के क्षेत्र में कई महत्त्वपूर्ण आविष्कार किये हैं। किन्तु हम एक पिछले प्रकरण में कह चुके हैं कि उसने उस प्रमेय को सिद्ध किया ही नहीं जो उसके नाम से प्रसिद्ध है।

ईलिया के ज़ीनो (Zeno of Elea) का जन्म लगभग ४९६ ई० पू० में और मृत्यु ४२९ में हुई। यह एक दार्शनिक और गणितज्ञ था। इसका सिद्धान्त यह था कि संसार में 'एक' की सत्ता है, न कि 'अनेक' की। इसके कुछ विरोधाभास जगत् प्रसिद्ध हो गये हैं—

(१) यदि संसार में अनेक की सत्ता है तो वह अत्यल्प भी है, अति महान् भी। अत्यल्प तो इसलिए कि उसके विभिन्न भाग अविभाज्य हैं, अतः परिमाणहीन हैं। अति महान् इसलिए है कि प्रत्येक दो भागों को पृथक् करने के लिए उनके बीच में एक तीसरे भाग की सत्ता होनी चाहिए। फिर इस तीसरे भाग और पहले भाग के बीच में एक चौथा भाग होना चाहिए, और इसी प्रकार अनन्त तक।

(२) प्रत्येक वस्तु आकाश में स्थित है, अतः आकाश भी आकाश में स्थित है।

(३) यदि नाज का एक मुट्ठा भूमि पर फेंका जाय तो उसमें से कुछ ध्वनि निकलती है। अतः उसके प्रत्येक दाने से ध्वनि निकलनी चाहिए, किन्तु वास्तव में ऐसा नहीं होता।

(४) संसार में किसी प्रकार की भी गति असम्भव है। मान लीजिए कि हम एक तीर छोड़ते हैं। वह किसी भी क्षण या तो उस स्थान में चलता है जिसमें स्थित है, या ऐसे स्थान में जिसमें स्थित नहीं है। जितने स्थान में स्थित है, उतने में तो चल ही नहीं सकता। और जिस स्थान में है ही नहीं, उसमें चलेगा कैसे ?

(५) मान लीजिए कि कछुए और खरगोश में इस शर्त पर दौड़ हो रही है कि आरम्भ में कछुए को १० गज़ आगे से चलाया जाय। तो खरगोश कभी कछुए को पकड़ ही नहीं सकेगा। यदि खरगोश की चाल कछुए की चाल से दुगुनी है तो जितनी देर में खरगोश १० गज़ चलेगा, उतनी देर में कछुआ ५ गज़ आगे निकल जायगा। जब तक खरगोश इन ५ गज़ों की दूरी पार करेगा, कछुआ २।। गज़ और आगे बढ़

जायगा। जब तक खरगोश २॥ गज़ और चलेगा, कछुआ १$\frac{1}{4}$ गज़ और बढ़ जायगा। और इसी प्रकार यावदनन्त (Ad infinitum)।

हिपॉक्रैटीज के त्रिभुज की दो भुजाओं पर अर्धवृत।

हिपॉक्रैटीज़ (Hippocrates) भी ५वीं शताब्दी ई० पू० का एक दार्शनिक और गणितज्ञ था। गणित के क्षेत्र में इसकी विशेष रुचि ज्यामिति में थी। इसने वृत्त के वर्गण पर बहुत परिश्रम किया। इसने एक समद्विबाहु समकोण त्रिभुज लिया और उसकी तीनों भुजाओं पर अर्धवृत्त बनाये। तत्पश्चात् इसने यह सिद्ध किया कि दोनों रेखित चन्द्रमों (Lunes) का क्षेत्रफल त्रिभुज के क्षेत्रफल के बराबर है। इसके पश्चात् तो केवल एक वर्ग बनाना रह जाता है जो क्षेत्रफल में उक्त त्रिभुज के बराबर हो। हिपॉक्रैटीज़ की उपपत्ति इस साध्य पर आधृत है—वृत्तों के क्षेत्रफल उनके व्यासों के वर्गों के अनुपात में होते हैं।

आर्काइटस (Archytas) (लगभग ४२८–३४७ ई० प०) पिथॅगोरी सम्प्रदाय का ही एक वैज्ञानिक और दार्शनिक था। यह सात बार सेना का नायक चुना गया। किंवदन्ती है कि एक जल यात्रा में यह समुद्र में डूब कर मर गया। इसकी प्रतिभा बहुमुखी थी। प्रारम्भिक ज्यामिति के क्षेत्र में इसने समानुपात सम्बन्धी कई प्रमेय सिद्ध किये, जैसे "यदि किसी समकोण त्रिभुज में शीर्ष से कर्ण पर लम्ब डाला जाय तो वह कर्ण की अवधाओं का मध्यकानुपाती होगा" और इसका विलोम। इसने विभिन्न प्रकार की श्रेढ़ियों के भेदों को स्पष्ट किया, यान्त्रिकी का ज्यामितीय विधि से विवेचन किया, घन के वर्गण का एक मौलिक हल निकाला, ध्वनि-विज्ञान और संगीत पर गवेषणा की और एक उड़ने वाला यन्त्र तैयार किया। इसके नैतिक और दार्शनिक सिद्धान्त इतने महत्त्वपूर्ण समझे गये कि अरस्तू ने इसके दर्शन पर एक ग्रन्थ लिख डाला।

थीटेटस का जन्म लगभग ३७५ ई० पू० में हुआ था। यह ऍथॅन्स का निवासी था और बहुत प्रतिभाशाली था। इसने प्रारम्भिक ज्यामिति पर बहुत कार्य किया है।

यूनानी किंवदन्तियों के अनुसार पंच तत्त्व पाँचों सम ठोसों के बने हैं—अग्नि चतुष्फलक से, पृथ्वी घन से, वायु अष्टफलक से, विश्व की सीमा द्वादशफलक से और जल विंशतिफलक से। इस यूनानी परम्परा और प्राचीन हिन्दू सिद्धान्त में केवल इतना अन्तर है कि हिन्दू परम्परा में पाँचवाँ तत्त्व आकाश माना गया है। सम्भव है कि 'आकाश' से तात्पर्य 'विश्व की सीमा' का ही हो। यूनानी विद्वानों में सर्व प्रथम थीटेटस ने ही उक्त सिद्धान्त का व्यवस्थित प्रतिपादन किया है।

प्लेटो का उल्लेख हम अंकगणित के अध्याय में कर चुके हैं। उसने ज्यामिति का अध्ययन मुख्यतः दार्शनिक दृष्टिकोण से किया। उसने ज्यामितीय भावों की सम्यक् परिभाषा, और शुद्ध तर्कयुक्त उपपत्तियों की नींव डाली। वह कहा करता था कि जिस किसी मनुष्य को नेता बनना हो, उसके लिए गणित का, विशेषकर ज्यामिति का, अध्ययन आवश्यक है। उसके विचार में गणित का अध्ययन मस्तिष्क के विकास के लिए ही आवश्यक था, चाहे उक्त अध्ययन का कोई उपयोग जीवन में हो या न हो। प्लेटो का विचार था कि शिक्षा के साथ साथ मनोरंजन का समावेश भी होना चाहिए जिससे रूक्ष विषय भी रोचक बनाये जा सकें।

एक प्राचीन ज्यामितीय-बीजगणितीय समस्या है 'घन का गुणन' (Multiplication of the cube). इस समस्या का सम्बन्ध इस समीकरण से है—

$$य^3 = \frac{ख}{क} . क^3 = म क^3 ।$$

प्राचीन समय में कभी कभी कुछ धार्मिक वेदियों के आकार को दुगुना करने की आवश्यकता पड़ती थी। उपरिलिखित समीकरण का उद्भव उसी समस्या से हुआ है। उक्त समीकरण का हल प्लेटो, आर्काइटस (Architus) और मैनीक्मस (Menaechmus) ने निकाला है। मैनीक्मस ने इसका साधन परवलय और अतिपरवलय की सहायता से किया है। इरॅटॉस्थॅनीज़ ने इसके हल के लिए एक यान्त्रिक उपकरण ही बना डाला।

प्लेटो की परिषद् का उल्लेख हम एक पिछले अध्याय में कर चुके हैं। चौथी शताब्दी ई० पू० का प्रायः समस्त गणितीय कार्य प्लेटो के शिष्यों और मित्रों ने किया है। थीटेटस उक्त परिषद् का सदस्य था। यूडोक्सस (Eudoxus) ने अनुपात सिद्धान्त की नींव डाली जिसका समावेश बाद को यूक्लिड के 'ऐलीमॅण्ट्स' में हुआ है। उसने 'निःशेषण विधि' (Method of Exhaustion) से आकृतियों के क्षेत्रफल और आयतन निकाले। वह प्लेटो का शिष्य था। आर्काइटस, जिसका उल्लेख हम ऊपर कर चुके हैं, प्लेटो का मित्र था।

यूडोक्सस (लगभग ४०८–३५५ ई० पू०) क़ानून, ज्यामिति, औषधि और ज्यौतिष का विद्वान् था। अनुमान है कि इसने अनुपात सिद्धान्त का प्रतिपादन किया जो बाद में यूक्लिड के ५वें भाग के रूप में प्रकाशित हुआ। इसने रेखाओं के कनक काट (Golden Section) पर भी कई प्रमेय आविष्कृत किये। इसकी निःशेषण विधि तो प्रसिद्ध हो गयी है। सम्भवतः इसने यह भी सिद्ध किया था कि गोलों के आयतन उनकी त्रिज्याओं के घनों के अनुपात में होते हैं। कदाचित् यूडोक्सस ही सबसे पहला यूनानी गणितज्ञ था जिसने यह बताया कि सौर वर्ष ३६५ दिन से लगभग ६ घण्टे बड़ा है।

मैनीक्मस, जिसका उल्लेख हम ऊपर कर चुके हैं, का जीवन काल ३५० ई० पू० के लगभग था। यह यूडोक्सस का शिष्य और प्लेटो का मित्र था। शांकवों (Conics) का व्यवस्थित अध्ययन सर्व प्रथम इसी ने किया था। इसने परवलय के सरलतम समीकरण

$$र^2 = प\ य \quad (y^2 = ax)$$

का प्रयोग किया था, और अतिपरवलय के इस गुण का भी उपयोग किया था कि यदि उसके **अनन्तस्पर्शियों** (Asymptotes) को अक्ष मान लिया जाय तो उसका समीकरण

$$य\ र = ग^2 \quad (xy = c^2)$$

होता है।

कहते हैं कि सिकन्दर भी मैनीक्मस का शिष्य था। उसने गुरु से कहलाया कि ज्यामिति विद्या उसके लिए सरल बना दी जाय। मैनीक्मस ने उत्तर दिया कि "देश में तो राजकीय और निजी—दो प्रकार के मार्ग हुआ करते हैं, किन्तु ज्यामिति में सबके लिए एक ही मार्ग है।"

अरस्तू (Aristotle) का जीवन काल ३८४–३२२ ई० पू० था। दर्शन शास्त्र में इसका स्थान बहुत ऊँचा है। गणित में इसकी विशेष रुचि ज्यामिति और भौतिकी में थी। इसने अपनी कृतियों में गणितीय राशियों के लिए वर्णमाला के अक्षरों का प्रयोग किया है। एक स्थान पर यह लिखता है कि "यदि A गामक बल (Motive force) हो, B गतिमान् वस्तु हो, Γ दूरी हो, △ समय हो, ..."

अरस्तू ने एक नये दार्शनिक सम्प्रदाय को जन्म दिया जिसका ध्येय था प्रत्येक भाव का मूल निकालना। बोल चाल की भाषा में इसे कहते हैं 'बाल की खाल निकालना।' अरस्तू ने गणित पर दो पुस्तकें लिखी हैं—एक अविभाज्य रेखाओं पर, दूसरी यान्त्रिक प्रश्नों पर। उसकी कृतियों का यूक्लिड पर भी प्रभाव पड़ा है।

'सातत्य' (Continuity) की सब से पहली परिभाषा भी अरस्तू की ही दी हुई है—

"यदि कोई वस्तु ऐसी हो कि उसके कोई से दो क्रमागत भाग ले लें तो जिस सीमा पर वे मिलते हों, वह दोनों के लिए एक ही हो और दोनों भाग एक दूसरे से जुटे हुए हों तो उस वस्तु को सतत (Continuous) कहते हैं।"

अरस्तू का मत था कि "वास्तविक अनन्त (Infinite) का अस्तित्व ही नहीं है।"

एक स्थान पर अरस्तू ने कहा है कि "किसी वर्ग के विकर्ण की लम्बाई, जिसकी भुजा की लम्बाई १ हो, सुमेय हो ही नहीं सकती, क्योंकि यदि वह सुमेय हो तो एक सम संख्या एक विषय संख्या के समान हो जायगी।"

आजकल $\sqrt{२}$ की असुमेयता की जो उपपत्ति दी जाती है, उक्त कथन की पुष्टि करती है।

जिस काल का हम वर्णन कर रहे हैं, उस काल के एक गणितज्ञ का नाम और उल्लेखनीय है—ऐँरिस्टियस (Aristaeus)। इसके जीवन के विषय में केवल इतना पता है कि इसका कार्य काल ३२० ई० पू० के आस पास था। पॅपस (Pappus) इसके ज्यामितीय कार्य से इतना प्रभावित था कि उसने कहा है कि यूनान में वैश्लेषिक ज्यामिति के क्षेत्र में तीन ही गणितज्ञ महान् हुए हैं—ऐँरिस्टियस, यूक्लिड और ऐँपोलोनियस। ऐँरिस्टियस ने शांकवों पर पाँच ग्रन्थ लिखे। इसके अतिरिक्त इसने पाँच सम ठोसों पर जो कुछ लिखा, उसका समावेश यूक्लिड के १३ वें भाग में हो गया है। इस प्रकार हम देखते हैं कि इसकी कृतियों ने यूक्लिड को भी प्रभावित किया है।

(४) ३०० ई० पू० से १००० ई० तक

यूक्लिड (Euclid)

यूक्लिड के जन्म और मृत्यु का ठीक ठीक पता नहीं है। इतना ज्ञात है कि इसका कार्यकाल ३०० ई० पू० के आस पास था। इसने प्रारम्भिक शिक्षा कदाचित ऐँथेंस में प्लेटो के शिष्यों से पायी। टोलेमी १ (Ptolemy I) के राज्यकाल (३०६–२८३ ई० पू०) में इसने ऐँलेग्ज़ॅण्ड्रिया में एक स्कूल स्थापित किया। यूक्लिड के जीवन का एक उपाख्यान प्रसिद्ध हो गया है। इसके एक शिष्य ने ज्यामिति का प्रथम

साध्य पढ़ने के पश्चात् कहा कि "इसके सीखने से मिलेगा क्या ?" यूक्लिड ने अपने नौकर से कहा कि "इसे ६ पैंनी दे दो क्योंकि यह हर बात से लाभ ही चाहता है।"

यूक्लिड का सबसे प्रसिद्ध ग्रन्थ एँलीमैं ट्स (Elements = मूल तत्त्व) है जिसके १८८२ से आज तक एक हज़ार से अधिक संस्करण निकल चुके हैं। उक्त ग्रन्थ की विषय सूची इस प्रकार है—

यूक्लिड के अनुवाद का एक पृष्ट। प्रथम पंक्ति में वह साध्य दिया गया है जिसकी संख्या आधुनिक संस्करणों में २८ है।

(१) सर्वांगसमता (Congruence) और समान्तरता (Parallelism);

(२) बीजगणितीय सर्वसमिकाएँ और क्षेत्रफल;

(३) वृत्त;

(४) अन्तर्लिखित और परिलिखित बहुभुज;

(५) समानुपात;

(६) बहुभुजों की समरूपता;

(७)–(९) अंकगणित;

(१०) असुमेय राशियाँ;

(११)–(१३) ठोस ज्यामिति ।

यूक्लिड के अन्य ग्रन्थ ये हैं––

(क) डेटा (Data)––इसमें ९४ साध्य दिये गये हैं। उनका विषय यह है कि यदि किसी आकृति के कुछ अंग दिये हों तो शेष अंग ज्ञात किये जा सकते हैं।

(ख) आकृतियों के विभाजन पर एक पुस्तक––इस पुस्तक का विषय यह है कि यदि कोई आकृति (त्रिभुज, चतुर्भुज, वृत्त) दी हो तो उसे ऐसे दो भागों में किस प्रकार बाँटा जाय कि दोनों भागों के क्षेत्रफल एक निर्दिष्ट अनुपात में हों।

(ग) स्यूडेरिया (Pseudaria) जिसमें शिक्षार्थियों को यह बताया गया है कि ज्यामिति के अध्ययन में कौन कौन सी त्रुटियाँ सम्भव हैं।

(घ) शांकव––चार भागों में।

(ङ) पोरिज़्म्स (Porisms)––उच्च ज्यामिति पर।

(च) तल-बिन्दुपथ (Surface Loci)––दो भागों में।

यूक्लिड की शेष कृतियाँ ज्यौतिष, संगीत, **चाक्षुषी** (Optics) आदि पर हैं।

आर्किमिडीज

आर्किमिडीज़ का जीवन वृत्तान्त हम अंकगणित के अध्याय में दे चुके हैं। उसकी ज्यामितीय पुस्तकें क्रमशः निम्नांकित विषयों पर हैं––

(i) गोले और बेलन पर जिसमें इन ठोसों और शंकुओं (Cones) के आयतन आदि निकालने के सूत्र दिये गये हैं।

(ii) वृत्त के माप पर––इसमें कुल तीन साध्य हैं। दूसरे साध्य में यह असमता सिद्ध की गयी है––

$$३\frac{१}{७} > \pi > ३\frac{१०}{७१}$$

(iii) शंक्वाभासों (Conoids) और गोलाभासों (Spheroids) पर

(iv) सर्पिलों (Spirals) पर।

(v) परवलय के क्षेत्रकलन (Quadrature) पर।

(vi) एक पुस्तक में प्रमेयिकाओं (Lemmas) का संग्रह—इसमें समतल ज्यामिति के १५ साध्य हैं।

आर्किमेंडीज़ की शेष कृतियाँ यान्त्रिकी और **द्रवस्थैतिकी** (Hydrostatics) पर हैं। उसने और भी कई ग्रन्थ लिखे थे जो अब लुप्त हो गये हैं।

ऍपोलोनियस

ऍपोलोनियस का सबसे प्रसिद्ध ग्रन्थ कॉनिक्स (Conics = शांकव) है। इसी पुस्तक के कारण उसका नाम 'महान् ज्यामितिज्ञ' पड़ गया। ऍपोलोनियस ने और भी कई ग्रन्थ लिखे; किन्तु उनमें से प्रायः सभी लुप्त हो चुके हैं। कॉनिक्स ८ भागों में विभाजित है। पहले भाग में ऍपोलोनियस ने यह दिखाया है कि शांकवों का जनन किस प्रकार होता है। उसने निर्देशांक ज्यामिति का भी प्रयोग किया है। शांकव का कोई व्यास और उसके छोर का स्पर्शी लेकर तिर्यक् अक्षों (Oblique Axes) द्वारा उसने शांकवों के गुणों का आविष्कार किया है। शांकवों के अंग्रेज़ी नाम भी पहले पहल ऍपोलोनियस ने ही रखे थे।

कॉनिक्स के भागों १—४ में मौलिकता तो कम है, किन्तु ऍपोलोनियस ने इनमें अपने पूर्व गामियों का सारा कार्य व्यवस्थित रूप में दे दिया है। भागों ५–७ में ऍपोलोनियस ने मौलिकता दिखायी है। ५ वें भाग में उसकी प्रतिभा की चरम सीमा दिखाई पड़ती है। इसमें उसने अभिलम्बों (Normals) के गुणों का विवेचन किया है और यह भी बताया है कि किसी बिन्दु से किसी शांकव को कितने अभिलम्ब खींचे जा सकते हैं। इसके अतिरिक्त उसने **वक्रता केन्द्र** (Centre of Curvature) पर भी कई साध्य दिये हैं।

ऍपोलोनियस की जो कृतियाँ लुप्त हो गयी हैं, उनमें से भी अधिकांश ज्यामिति पर ही हैं। उनमें से एक में यूक्लिड की आलोचना की गयी है। एक अन्य पुस्तक में उन द्वादशफलकों और विंशतिफलकों की तुलना की गयी है जो एक ही गोले में खींचे जा सकें। एक अन्य स्थान पर उसने यह बताया है कि π की सीमाओं के $३\frac{१}{७}$ और $३\frac{१०}{७१}$ से भी सूक्ष्म मान किस प्रकार निकाले जा सकते हैं।

पॅपस का उल्लेख हम एक पिछले अध्याय में कर चुके हैं। उसके समय में गणितीय

अध्ययन बहुत उपेक्षित हो चुका था। इस प्रकार वह अपने समकालीन विद्वानों में अपवाद था। उसकी प्रतिमा विलक्षण थी, किन्तु उसके देशवासियों ने उसका समादर नहीं किया। यहाँ तक कि उसके देश के लेखकों ने कहीं उसके कार्य का उल्लेख भी नहीं किया है। उसने एक 'गणितीय संग्रह' प्रकाशित किया जिसके आठ भागों में से पहले दो तो लुप्तप्राय हो चुके हैं। उक्त संग्रह में उसने अपने समस्त पूर्वगामियों के कार्य का ब्योरेवार विवरण दिया है। इसके अतिरिक्त उनकी कृतियों पर अपनी टिप्पणियाँ और व्याख्याएँ भी दी हैं।

पॅपस की पुस्तक के जो भाग बच रहे हैं उनके भी कुछ पन्ने नष्ट हो चुके हैं। दूसरे भाग का जो थोड़ा सा अंश बच रहा है, उसमें अंकगणितीय विषय दिये हुए हैं। तीसरे भाग में ज्यामितीय प्रश्न हैं। चौथे भाग में वृत्तों और अन्य वक्रों के गुणों का विवेचन है। पाँचवें भाग में समपरिमाप (Isoperimetric) आकृतियों का विवरण है और छटवें में गोले के गुणों का। सातवाँ भाग ऐतिहासिक है और आठवें भाग में गुरुत्व केन्द्र और अन्य यान्त्रिक विषय हैं।

प्रोक्लस (Proclus) (४१०–४८५ ई०) ने ऐलैग्ज़ॅण्ड्रिया में प्रारम्भिक शिक्षा पाई, और अध्यापन कार्य के लिए वह ऐथैंस चला गया। ४५० ई० में वह दर्शन का प्राध्यापक हो गया। उसने प्लेटो के सिद्धान्तों पर कई ग्रन्थ लिखे हैं। इसके अतिरिक्त उसने कई पुस्तकें व्याकरण पर भी लिखी हैं। गणित में उसकी मुख्य कृति यूक्लिड की टीका है। उक्त टीका में उसने पिछले ज्यामितिज्ञों के कार्य का उल्लेख किया है। अतः यह ग्रन्थ ज्यामिति के इतिहासज्ञों के लिए महत्त्वपूर्ण है।

बोथियस की जीवनी हम एक पिछले अध्याय में दे चुके हैं। उसने जो पाठ्य पुस्तकें लिखी हैं, उनका यूरोप में हज़ार वर्ष तक समादर रहा। उसने एक पुस्तक ज्यामिति पर भी लिखी है जिसमें मौलिकता तो बिलकुल नहीं है, किन्तु उपस्थापन बहुत सुन्दर है। इस कारण बहुत से धार्मिक स्कूलों में उसका प्रयोग पाठ्य पुस्तक के रूप में होने लगा।

चीन

जिस काल का हम उल्लेख कर रहे हैं, उसमें ज्यौतिष के क्षेत्र में तो चीन में कई विद्वान् हुए जिनका मुख्य कार्य तिथिपत्र से सम्बद्ध था, किन्तु ज्यामिति में छिट-फुट प्रयत्नों को छोड़कर चीन ने कोई विशेष प्रगति नहीं दिखायी। एक राजनीतिज्ञ चांग सांग (लगभग २५०–१५२ ई० पू०) हुआ है जिसने '९ विभागों के अंकगणित' पर एक नया ग्रन्थ लिख दिया। उसकी बहुत कुछ सामग्री पुराने ग्रन्थ से ली गयी थी।

चांग सांग ने अपनी पुस्तक में मापिकी के भी कुछ प्रश्न दिये हैं, जैसे किसी पेड़ की ऊँचाई निकालना। वृत्तखण्ड (Segment of a Circle) के क्षेत्रफल के लिए उसने यह सूत्र दिया है—

$\frac{1}{2}$ ऊँचाई × (जीवा + ऊँचाई)।

अन्य लेखकों में चाँग हाँग का नाम उल्लेखनीय है। इसका जीवन काल २७८–३१९ ई० था। यह एक ज्यामितिज्ञ और ज्यौतिषी था। इसने π का निकट मान $\sqrt{१०}$ दिया है।

एक अन्य चीनी गणितज्ञ सुन-त्ज़ी हुआ है। इसके जीवन काल का ठीक ठीक पता नहीं है, किन्तु अनुमान है कि तीसरी शताब्दी ई० पू० का पहला भाग था। कुछ इतिहासज्ञों का मत है कि इसका स्थिति काल पहली शताब्दी ई० था। उस समय का एक चीनी ग्रन्थ मिला है—वू-त्साओ स्वान किंग। सम्भवतः यह सुन-त्ज़ी का लिखा हुआ है। पुस्तक में मापिकी के प्रश्न दिये हुए हैं। मापिकी के अतिरिक्त सुन-त्ज़ी ने बीजगणित पर भी परिश्रम किया है। उसकी विशेष रुचि अनिर्णीत समीकरणों में थी। वह ऐसे समीकरणों के केवल एक हल से ही सन्तुष्ट हो जाता था। उसका एक प्रश्न यह है—

"एक संख्या ऐसी है कि उसे ३ से भाग देने पर २ बचते हैं, ५ से भाग देने पर ३ और ७ से भाग देने पर २ बचते हैं। संख्या उपलब्ध करो।"

तृतीय शताब्दी ई० का एक प्रसिद्ध गणितज्ञ हुआ है ल्यू ह्वी। इसने एक ग्रन्थ "समुद्री टापू अंकगणित शास्त्र" पर लिखा। नाम वास्तव में विलक्षण है। पुस्तक का विषय मापिकी है और उसका सर्वप्रथम प्रश्न इस प्रकार है "एक टापू है जिसे नापना है।" कदाचित् इसी प्रश्न पर पुस्तक का नाम रख दिया गया है।

इसके पश्चात् दसवीं शताब्दी तक चीन में और भी कई गणितज्ञ हुए हैं, किन्तु उनमें से अधिकांश की रुचि अंकगणित अथवा ज्यौतिष में रही है।

भारत

आर्यभट्ट।

आर्यभट्ट के अंकगणितीय और बीजगणितीय कार्य का उल्लेख हम पिछले अध्यायों में कर चुके हैं। आर्यभट्ट ने अपने ग्रन्थ के कई अनुच्छेदों में ज्यामितीय विषयों का भी विवेचन किया है। उक्त अनुच्छेदों में मुख्यतः त्रिभुजों, चतुर्भुजों और वृत्तों के क्षेत्रफलों और ठोसों के आयतन के सूत्र दिये गये हैं। हम यहाँ कुछ उद्धरण देते हैं—

(क) त्रिभुज का क्षेत्रफल

त्रिभुजस्य फलं शरीरं समदलकोटी भुजार्ध संवर्गः ५६

स्मिथ अपने इतिहास के भाग १ के पृष्ठ १५६ पर लिखते हैं कि ("आर्यभट्ट के दिये हुए) नियमों में एक नियम समद्विबाहु त्रिभुज के क्षेत्रफल का भी है जिससे प्रगट होता है कि आर्यभट्ट अपने कथन कितने अधूरे रूप में दिया करता था—

'त्रिभुज का क्षेत्रफल आधे आधार और उस लम्ब का गुणनफल होता है जो आधार को अधिआए।"

कजोरी महोदय भी अपने गणित के इतिहास में कहते हैं कि 'आर्यभट्ट ने त्रिभुज के क्षेत्रफल का जो सूत्र दिया है वह समद्विबाहु त्रिभुज पर ही लागू है।

कजोरी और स्मिथ ने यहाँ 'सम' का अर्थ 'बराबर' लगाया है। किन्तु वास्तव में इस प्रसंग में 'सम' का यह अर्थ नहीं है। एक शब्द के अनेक अर्थ हुआ करते हैं। हमने आधुनिक गणित में 'सम' को निम्नलिखित दस अर्थों में युक्त होते देखा है--

(i)	सम	बराबर
	समभुजीय	Equilateral
	सम अतिपरवलय	Equilateral Hyperbola
	समकौणिक	Equiangular
	समता	Equality
	असमता	Inequality
(ii)	सम	समभुजीय और समकौणिक
	सम बहुभुज	Regular polygon
	सम चतुष्फलक	Regular Tetrahedron
	सम बहुफलक	Regular polyhedron
(iii)	सम	Constant
	सम त्वरण	Uniform acceleration
	सम निपीड (दबाव)	Uniform pressure
(iv)	सम	Of uniform material
	सम छड़	Uniform rod
	सम पटल	Uniform lamina

(v)	सम	एकरूप
	सम अभिसृति	Uniform convergence
	समरूपता	Uniformity
(vi)	सम	चौरस
	समतल	Plane, plane surface
	समतली, समतलस्थ	Coplanar
	समतल भमि	चौरस भूमि
	समतल काट	Plane section
(vii)	सम संख्या	Even Number
	विषम संख्या	Odd Number
(viii)	सम	एक से, Alike
	सम समान्तर बल	Like parallel forces
(ix)	सम	एक
	समरैखिक	Collinear
	समवृत्तीय	Concyclic
(x)	सम	Right
	समकोण	Right Angle
	सम शंकु	Right Cone
	सम स्तूप	Right pyramid

हमने यहाँ 'सम' के वही अर्थ दिये हैं जो अब भी गणितीय पुस्तकों में मिल जाते हैं। शब्दों के कुछ अर्थ ऐसे भी होते हैं जो अब प्रचलित नहीं हैं और केवल शब्द कोषों की शोभा बढ़ा रहे हैं। गणित की कुछ प्राचीन पुस्तकों में 'सम संख्या' को 'तुल्य संख्या' और 'विषम संख्या' को 'ओज संख्या' कहा गया है। ये दोनों पिछले पर्याय अब पुस्तकों में नहीं पाये जाते। इस प्रकार के बहुत से शब्द इस लेख में मिल जायँगे—

ब्रज मोहन : प्राचीन हिन्दू गणित में श्रेढ़ी व्यवहार—नागरी प्रचारिणी पत्रिका ५२–१ (सं० २००४) २५–३४.

शब्दकोषों में 'सम' का एक अर्थ Common (सामान्य, उभयनिष्ठ, सर्वनिष्ठ) भी दिया हुआ है।

अब यदि 'सम' का यह अर्थ लगाया जाय तो आर्यभट्ट के उपरिलिखित श्लोक का अर्थ स्पष्ट हो जाता है।

कोटी = उच्चत्व (Altitude)

दल = भाग

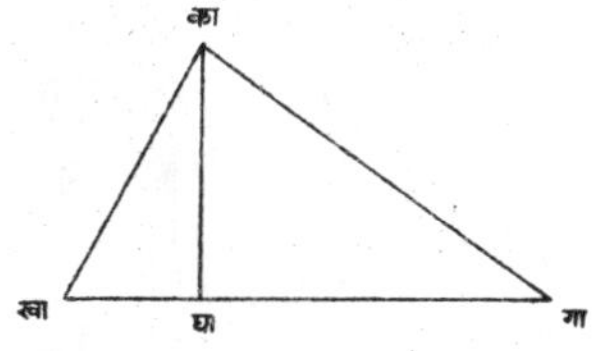

इस प्रकार 'दलकोटी' का अर्थ हुआ 'वह कोटी जो त्रिभुज के (दो) भाग कर दे। अतः आर्यभट्ट के श्लोक का अर्थ हुआ—

त्रिभुज का क्षेत्रफल = $\frac{1}{2}$ (आधार) × सामान्य कोटी

= $\frac{1}{2}$(base) × common altitude.

स्पष्ट है कि उक्त श्लोक में आर्यभट्ट ने क्षेत्रफल का ऐसा सूत्र दिया है जो किसी भी त्रिभुज पर लागू हो, न कि केवल समद्विबाहु त्रिभुज पर ही। यों भी यह बात अनहोनी सी लगती है कि जिसने किसी भी चतुर्भुज के क्षेत्रफल का सूत्र निकाल लिया हो, वह त्रिभुजों में से केवल एक विशेष प्रकार के त्रिभुजों के ही क्षेत्रफल का सूत्र निकाल पाया हो।

(ख) π का मान

आर्यभटीयं का १० वाँ श्लोक इस प्रकार है—

चतुरधिकं शतमष्टगुणं द्वाषश्ष्टिस्तथा सहस्रणाम्।
अयुतद्वय विष्कम्भस्यासन्नो वृत्तपरिणाहः ॥१०॥

पहली पंक्ति का अर्थ—सौ में चार जोड़कर ८ से गुणा करो। गुणनफल में बासठ हज़ार जोड़ दो।

आसन्न = निकट (Approximate)

वृत्त = Circle

परिणाह = परिधि (Circumference)

विष्कम्भ = व्यास (Diameter)

अयुत = दस सहस्र, दस हज़ार

श्लोक का भावार्थ—

जिस वृत्त का व्यास २०.००० हो, उसकी परिधि का आसन्न मान = ६२८३२

इस प्रकार π का आसन्न मान $= \frac{\text{परिधि}}{\text{व्यास}} = \frac{६२८३२}{२००००}$

$= ३.१४१६$

π का यह मान चौथे दशमलव स्थान तक ठीक है। और आर्यभट्ट ने इसको भी 'आसन्न मान' कहा है, 'यथार्थ मान' नहीं कहा। इसका अर्थ यह हुआ कि आर्यभट्ट को इस बात का भान था कि π का इससे भी सूक्ष्म मान (Close value) निकाला जा सकता है।

(ग) वृत्त का क्षेत्रफल

आर्यभटीयं के ७ वें श्लोक की पहली पंक्ति—

समपरिणाहस्यार्धं विष्कम्भार्धहतमेव वृत्तफलम्।

वृत्त का क्षेत्रफल $= \frac{1}{2}$ (परिणाह) $\times \frac{1}{2}$ (व्यास)

$= \frac{1}{2}$ (२π $\times$ त्रिज्या) $\times$ त्रिज्या

$= \pi$ (त्रिज्या)^{२}

ब्रह्मगुप्त

ब्रह्मगुप्त के अंकगणितीय और बीजगणितीय कार्य का उल्लेख हम पिछले अध्यायों में कर चुके हैं। ब्रह्मगुप्त का ज्यामितीय कार्य बहुत महत्त्वपूर्ण रहा है। उसने त्रिभुजों, आयतों, समलम्बों, वर्गों इत्यादि पर तो सूत्र दिये ही हैं। उसका सबसे गुर्वर्थ कार्य वृत्तीय चतुर्भुजों (Cyclic quadrilaterals) और ठोसों पर हुआ है। हम यहाँ उसके ज्यामितीय कार्य के कुछ नमूने देते हैं—

(क) वृत्तीय चतुर्भुज का क्षेत्रफल

'ब्राह्मस्फुटसिद्धान्त' के २१वें श्लोक की दूसरी पंक्ति इस प्रकार है—

भुजयोगार्धचतुष्टयभुजोनघातात् पदं सूक्ष्मम्॥

मान लीजिए कि चतुर्भुज की भुजाएँ क, ख, ग, घ हैं और अ उसका अर्द्ध-परिमाप (Semi-perimeter) है। अर्थात्

२ अ = क + ख + ग + घ।

तो आधुनिक गणितीय भाषा में उपरिलिखित सूत्र इस प्रकार लिखा जायगा—

क्षेत्रफल $= \sqrt{\{(\text{अ}-\text{क})(\text{अ}-\text{ख})(\text{अ}-\text{ग})(\text{अ}-\text{घ})\}}$

(ख) ब्राह्मस्फुट सिद्धान्त का २८ वाँ श्लोक——

कर्णाश्रितभुजघातैक्यमुभयथाऽन्योऽन्यभाजितं गुणयेत् ।
योगेन भुजप्रतिभुजवधयोः कर्णौ पदे विषमे ।।२८।।

यदि किसी वृत्तीय चतुर्भुज के विकर्ण य, र हों तो उपरिलिखित सूत्र के अनुसार

$$य=\sqrt{\frac{कघ+खग}{कख+गघ}(कग+खघ)},$$

$$र=\sqrt{\frac{कख+गघ}{कघ+खग}(कग+खघ)}।$$

यदि हम इन दोनों सूत्रों को गुणा करें तो यह फल प्राप्त होगा——

$$यर = कग+खघ$$

इस साध्य को आजकल टोलेमी (Ptolemy) प्रमेय कहते हैं।

(ग) ब्रह्मगुप्त का एक रोचक ज्यामितीय प्रश्न इस प्रकार है जिसमें शुल्व प्रमेय का प्रयोग किया जाता है——

एक पहाड़ी की चोटी पर दो साधु रहते हैं। उनमें से एक को ऐसी सिद्धि प्राप्त हो चुकी है कि वह वायु में उड़ सकता है। वह पहाड़ी की चोटी से थोड़ा ऊपर उड़कर, फिर टेढ़ी दिशा में चलकर पास के एक नगर में उतर जाता है। दूसरा पहाड़ी के नीचे उतर कर पैदल उसी नगर तक जाता है। दोनों की यात्राओं की लम्बाइयाँ बराबर होती हैं। यह बताओ कि पहला साधु ऊपर कितना ऊँचा उड़ता है और नगर पहाड़ी से कितनी दूर है।

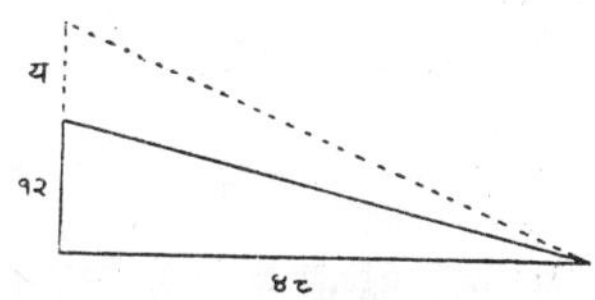

(६) ब्राह्मस्फुट सिद्धान्त के ४५ वें और ४६ वें श्लोक——

मुखतलयुतिदलगुणितं वेधगुणं व्यावहारिकं गणितम् ।
मुखतलगणितैक्यार्धं वेधगुणं स्याद्गणितमौत्रम् ।।४५।।
औत्रगणिताद्विशोध्य व्यवहारफलं भजेत् त्रिभिः शेषम् ।
लब्धं व्यवहारफले प्रक्षिप्य भवति फलं सूक्ष्मम् ।।४६।।

इन श्लोकों में ब्रह्मगुप्त ने सूचीस्तंभ (Pyramid) के छिन्नक (Frustum) के आयतन के सूत्र दिये हैं।

मुखद्युति	=	ऊपरी छोर का क्षेत्रफल
तलद्युति	=	आधार का क्षेत्रफल
व्यावहारिक फल	=	Practical value
औत्रफल	=	Better value
सूक्ष्म फल	=	Close value, Correct value

इन श्लोकों में छिन्नक के आयतन के लिए तीन सूत्र दिये गये हैं—

१. व्यावहारिक मान $\text{वा} = \left(\frac{\sqrt{\text{क्ष}} + \sqrt{\text{क्षे}}}{२}\right)^२ \text{ऊ},$

जिसमें क्ष, क्षे आधारों के क्षेत्रफल हैं और ऊ छिन्नक की ऊँचाई।

२. औत्र मान $\text{आ} = \frac{\text{क्ष} + \text{क्षे}}{२}\,\text{ऊ}$ ।

३. सूक्ष्म मान $= \frac{१}{३}(\text{आ} - \text{वा}) + \text{वा} = \frac{१}{३}(\text{आ} + २\,\text{वा})$

$$= \frac{\text{ऊ}}{६}(\text{क्ष} + \text{क्षे}) + \frac{\text{ऊ}}{६}(\sqrt{\text{क्ष}} + \sqrt{\text{क्षे}})^२$$

$$= \frac{१}{६}\,\text{ऊ}\,(\text{क्ष} + \text{क्षे} + \sqrt{\text{क्ष क्षे}}).$$

आधुनिक गणित में भी सूचीस्तंभ के छिन्नक के आयतन का यही सूत्र दिया जाता है।

महावीर

महावीर ने वृत्तीय चतुर्भुजों के वे सब सूत्र दिये हैं जो ब्रह्मगुप्त ने दिये थे। किन्तु उसकी शैली अधिक स्पष्ट है। इसके अतिरिक्त उसने और भी बहुत सी आकृतियों का विवेचन किया है, जैसे वृत्त (Circle), अर्धवृत्त (Semi-circle), दीर्घवृत्त, (Ellipse), निम्नवृत्त (Concave-circular-area), उन्नतवृत्त, (Convex-circular-area), कुंबक वृत्त, (Conchiform area), अन्तश्चक्र- वालवृत्त, (Inner-annulus), बहिश्चक्रवालवृत्त, (Outer-annulus) हस्तिदंत क्षेत्र इत्यादि।

इसमें सन्देह नहीं कि महावीर का ज्यामितीय कार्य भी बहुत महत्त्वपूर्ण हुआ है। उसने कई ऐसी आकृतियों के क्षेत्रफलों के सूत्र निकाले हैं, जिनका विवेचन उससे पहले किसी अन्य हिन्दू गणितज्ञ ने नहीं किया था। हम उनमें से कुछ की आकृतियाँ यहाँ देते हैं—

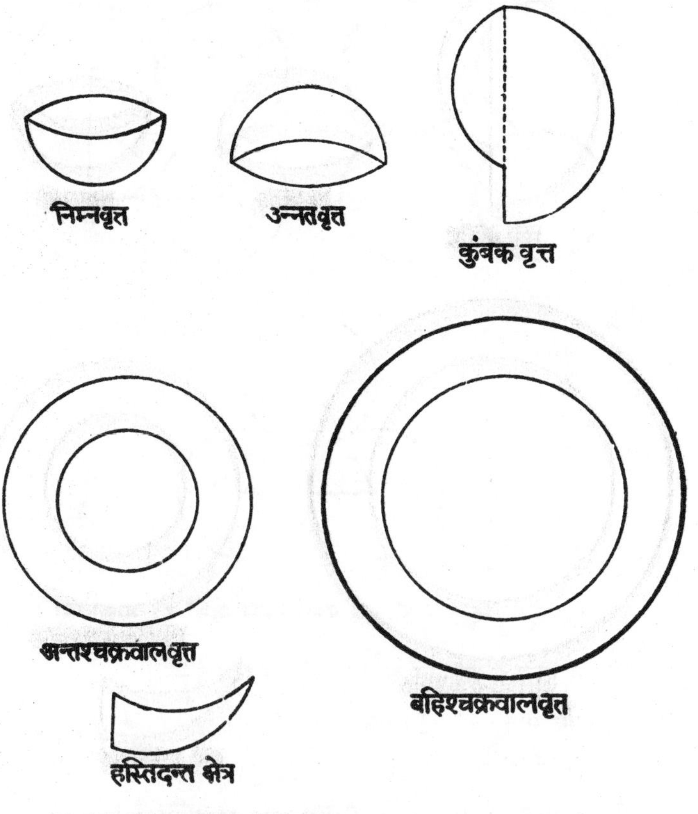

(यह नाम हमारा दिया हुआ है)

प्रहावीर के कुछ ज्यामितीय क्षेत्रों की आकृतियाँ ।

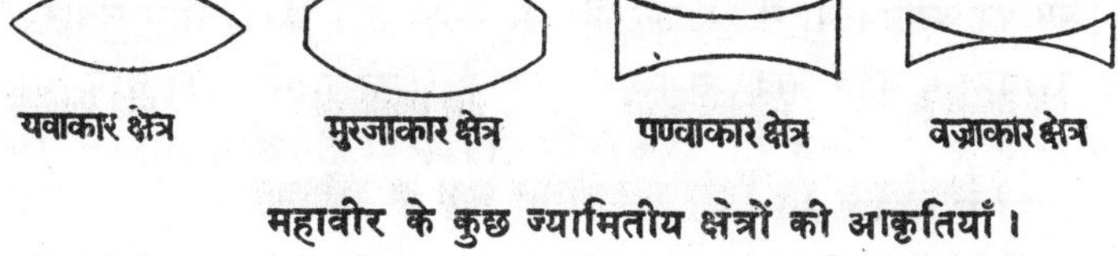

महावीर के कुछ ज्यामितीय क्षेत्रों की आकृतियाँ ।

इनके अतिरिक्त महावीर ने वृत्तों से घिरे हुए कई प्रकार के क्षेत्रों के क्षेत्रफल भी निकाले हैं, जैसे—

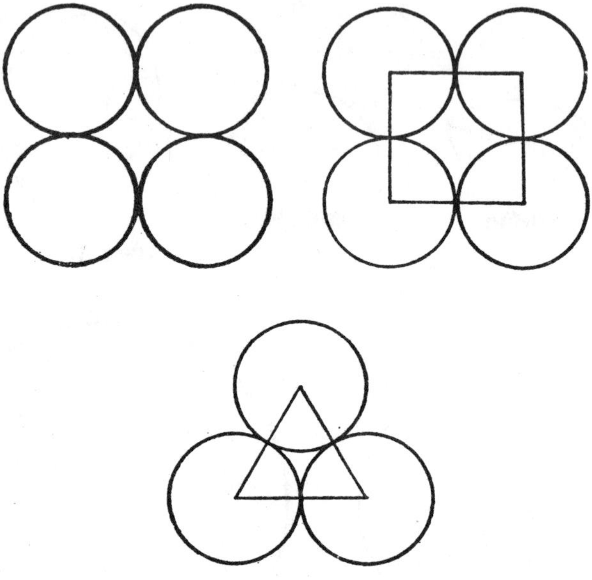

महावीर के कुछ ज्यामितीय क्षेत्रों की आकृतियाँ।

महावीर ने गोले के आयतन के लिए ये सूत्र दिये हैं—

$$\text{निकट मान} = \frac{९}{२}\left(\frac{१}{२}\text{ व्यास}\right)^{३}$$

$$\text{सूक्ष्म मान} = \frac{९}{१०}\cdot\frac{९}{२}\left(\frac{१}{२}\text{ व्यास}\right)^{३}$$

पिछले सूत्र से π का मान $\frac{२४३}{८०}$ अर्थात् ३.०३७५ आता है।

अन्य देश

बग़दाद के हारूँ उलरशीद (७६३–८०९) का नाम कौन नहीं जानता? यह २२ वर्ष की अल्पावस्था में ही राजगद्दी पर बैठ गया। इसका नाम संसार के न्यायप्रिय राजाओं में बहुत आदर से लिया जाता है। जनता में इसका नाम 'अल्फ़ लैला' के नायक के रूप में प्रसिद्ध है। इसके अतिरिक्त अरबी साहित्य में इसका नाम अनगिनत उपाख्यानों से सम्बद्ध है।

हारूँ स्वयं एक विद्वान् था और विद्या का पारखी भी था। इसने अपने दरबार में कवियों, वैयाकरणों, संगीतज्ञों आदि को प्रश्रय दिया। पश्चिम के विद्वानों और राज

घरानों से इसका आदान प्रदान चलता था। इसने गणित और ज्यौतिष को बहुत प्रोत्साहन दिया। इसी की छत्रछाया में यूक्लिड के ऐलीमेन्ट्स का अरबी में अनुवाद हुआ और इसी अनुवाद से यूरोप में यूक्लिड की विशेष प्रशस्ति हुई। और हारूँ के ही राज्यकाल में बग़दाद में फिर एक बार हिन्दू पाण्डित्य का सितारा चमका।

हारूँ उलरशीद के पुत्र अलमामून का राज्यकाल (८०९–३३) भी विद्या की दृष्टि से बहुत महत्त्वपूर्ण रहा है। इसने भी ज्यौतिष और गणित को प्रश्रय दिया। इसके राज्यकाल में यूक्लिड का अनुवाद पूर्ण हो गया। इसने टोलेमी के अलमाजस्त का भी अनुवाद कराया। इसके अतिरिक्त इसने बग़दाद में एक संस्था 'ज्ञान केन्द्र' स्थापित की जिसमें एक पुस्तकालय और एक वेधशाला की भी व्यवस्था थी।

९वीं शताब्दी के उत्तरार्ध में बग़दाद में अल्माहानी नामक एक प्रसिद्ध ज्यौतिषी हुआ है। इसने घन समीकरणों पर कुछ कार्य किया है। इसमें मौलिकता तो विशेष नहीं थी, किन्तु इसने अपनी कृतियों से जनता का ध्यान इस समीकरण

$$य^{३} + क^{२} ख = ग य^{२}$$

पर इतना आकृष्ट किया कि लोग इसे 'अल्माहानी समीकरण' ही कहने लगे। इसके अतिरिक्त इसने यूक्लिड के कुछ अंशों पर टीका लिखी है जो प्रसिद्ध हो गयी है। इसकी एक टीका आर्किमेंडीज़ की गोले और बेलन सम्बन्धी कृतियों पर भी है।

बग़दाद में एक हकीम ताबित इब्न कोरा (८२६–९०१) हुआ है जिसने गणित और दर्शन के अध्ययन को बहुत प्रोत्साहन दिया। इसने ज्यामिति, ज्यौतिष, फलित-ज्यौतिष आदि पर अनेक ग्रन्थ लिखे हैं। यूक्लिड और टोलेमी की पुस्तकों के जो अनुवाद इससे पहले हो चुके थे, इसने उनका परिष्करण किया। इसका नाम इस लिए विशेष रूप से प्रसिद्ध हुआ कि इसने ज्यामितीय प्रश्नों पर बीजगणित का प्रयोग किया।

जिस काल का हम उल्लेख कर रहे हैं उसके अन्तिम चरण में बग़दाद में अनेक गणितज्ञ हुए हैं, जिन्होंने बीजगणित, ज्यौतिष और ज्यामिति का अध्ययन किया है। इन लोगों ने अनेक पुस्तकें लिखी हैं। इसके अतिरिक्त उसी काल में बहुत सी यूनानी पुस्तकों का अरबी में अनुवाद भी हुआ है। एक लेखक अलहज्जाज़ (लगभग ७८६-८३५) ने यूक्लिड और टोलेमी का अनुवाद किया है। इसके अतिरिक्त एक अन्य लेखक इसहाक़ हुआ है, जिसने यूक्लिड, आर्किमेंडीज और मैंनीलॉज़ के ग्रन्थों का अनुवाद किया है।

यॉर्क का अल्कुइन (Alcuin of York) (७३५–८०४) एक बड़ा विद्वान् पादरी हुआ है। यॉर्क में शिक्षा पाकर यह प्राचीन हस्तलिपियों की खोज में रोम गया।

७८१ से ७९० तक यह चार्लमॅन (Charlemagne) के दरबार में रहा जहाँ इसका बड़ा आदर था। चार्लमॅन इससे विद्या के पुनरुत्थान में सहायता लेता था।

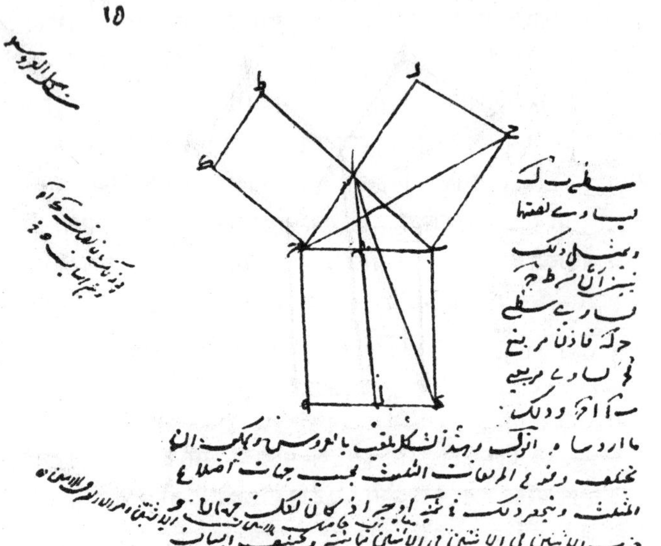

ताबित इब्न कोरा के यूक्लिड के अनुवाद में से शुल्व प्रमेय का उद्धरण।

[जिन एंड कम्पनी की अनुज्ञा से, डेविड् यूजीन स्मिथ कृत 'हिस्ट्री ऑफ़ मेथॅमॅटिक्स' से प्रत्युत्पादित।]

इसने अपने मित्रों और राजा इत्यादि को सैकड़ों पत्र लिखे हैं जिनमें से ३११ प्राप्य हैं। इन पत्रों से उस समय के शैक्षिक और सामाजिक वातावरण के विषय में बड़ी जानकारी प्राप्त होती है।

अल्कुइन ने अंकगणित, ज्यामिति और ज्यौतिष पर अपनी लेखनी उठायी है, किन्तु इसका सबसे प्रसिद्ध ग्रन्थ 'पहेलियों का संग्रह' है। कुछ इतिहासज्ञों का सन्देह है कि यह संग्रह वास्तव में अल्कुइन ने नहीं लिखा था, वरन् एक भिक्षु अयमर (Aymar) ने लिखा था जिसका जीवन काल ९८८-१०३० था। यह भी सम्भव है कि उक्त संग्रह की बहुत सी सामग्री ईसप की कहानियों (Aesop's Fables) से ली गयी हो जो कदाचित् ७ वीं शताब्दी ई० पू० में लिखी गयी थीं। इस बात पर ठीक ठीक निर्णय देना कठिन है, किन्तु इन पहेलियों का उद्गम चाहे जो भी हो, इसमें संशय नहीं कि इन्होंने गणितीय इतिहासज्ञों की लेखनी को सैकड़ों वर्ष तक प्रभावित किया है। हम इन पहेलियों के दो एक नमूने यहाँ देते हैं—

(१) एक कुत्ता एक ख़रगोश का पीछा करता है। ख़रगोश १५० फ़ुट आगे से चलता है और प्रत्येक छलाँग में जब कुत्ता ९ फ़ुट कूदता है, खरगोश ७ फ़ुट ही कूद पाता है। कुत्ता कितनी छलाँगों में ख़रगोश को पकड़ लेगा ?

(२) एक भेड़िये, एक बकरी और तरकारी की एक टोकरी को नाव द्वारा नदी के दूसरी पार पहुँचाना है। नाव में खेवट के अतिरिक्त तीनों में से एक को ही ले जाने का स्थान है। कितने फेरों में उक्त तीनों को इस प्रकार पार पहुँचाया जा सकता है कि भेड़िया बकरी को न खा पाये और बकरी तरकारी को ?

यह पिछला प्रश्न तो जगत प्रसिद्ध हो गया है और भिन्न भिन्न रूपों में, इसी देश की अनगिनत पुस्तकों में समाविष्ट हो चुका है।

(५) १००० ई० से १५०० ई० तक

यूरोप

यूरोप के अनेक गणितज्ञों का उल्लेख हम पिछले अध्यायों में कर चुके हैं। यहाँ हम केवल उन गणितज्ञों की जीवनी देंगे जिन्होंने ज्यामिति में प्रचुर कार्य किया है। ११वीं शताब्दी में एक यूनानी गणितज्ञ सॅलस (Psellus) हुआ है जिसका जीवन काल १०२०–१११० था। यह क़ुस्तुन्तुनिया में दर्शन का प्राध्यापक था और इसकी ख्याति इतनी बढ़ी चढ़ी थी कि उस समय के शासकों ने इसका नाम 'दार्शनिक सम्राट' रख दिया था। इसके ग्रन्थ विशेष प्रसिद्ध इसलिए हुए कि इसकी भाषा बहुत सरल होती

थी। १६वीं शताब्दी में ही इसकी गणितीय कृतियों के तेरह संस्करण निकल गये। कहते हैं कि इसने यूक्लिड पर भी एक भाष्य लिखा था, किन्तु यह कथन असन्दिग्ध नहीं है।

कॅम्पेनस (Campanus) मिलन (Milan) के पास के एक नगर नोवारा (Novara) का निवासी था। इसका जीवन काल १२६० ई० के आस पास था। इसे ज्यामिति में वास्तविक रुचि थी। इसने कई प्राचीन समस्याओं का विवेचन किया, जैसे 'कोण का समत्रिभाजन, कनक काट (Golden Section) की असुमेयता, आदि। इसकी सबसे प्रसिद्ध पुस्तक इसका यूक्लिड का अनुवाद था। इसकी जीवनी बहुत कुछ अज्ञात है। केवल इतना पता है कि यह गिरजा का कोई निम्न अधिकारी था।

१३ वीं शताब्दी का एक जर्मन गणितज्ञ उल्लेखनीय है—जॉर्डेनस नेमोरेरियस (Jordanus Nemorarius)। इसने एक पुस्तक अंकगणित पर, एक बीजगणित पर, एक ज्यामिति पर और एक ज्यौतिष पर लिखी। इसके अंकगणित में यह विशेषता थी कि इसने उसमें संख्याओं का निरूपण वर्णों द्वारा किया है। बीजगणितीय पुस्तक में इसने एकघात और द्विघात समीकरणों पर अनेक प्रश्न दिये हैं। इसकी ज्यामिति चार भागों में विभक्त है और उसका मुख्य विषय त्रिभुज है जिस पर इसने ७२ साध्य दिये हैं। उक्त पुस्तक में इसने त्रिभुज के गुरुत्व केन्द्र का भी विवेचन किया है।

१४ वीं शताब्दी में एक अनामक (Anonymous) हस्तलिपि लिखी गयी जिसका विषय 'ऊँचाइयाँ और दूरियाँ' था। ग्रन्थ बहुत ही रोचक ढंग से लिखा गया है और उसमें दर्शाया गया है कि डण्डे और परकार की सहायता से किस प्रकार छाया मापन और सर्वेक्षण कार्य किया जा सकता है। हस्तलिपि बृतानी संग्रहालय में सुरक्षित है और उसका पूरा पाठ इस अभिदेश में मिलेगा––

Halliwell : Rara Mathematica 56.

एक जर्मन गणितज्ञ जुंगिगेंन का कॉनॅ्रड (Conrad of Jungingen) हुआ है जिसका जीवन काल १४०० के आस पास था। सम्भवतः इसने ज्यामिति पर एक ग्रन्थ लिखा है जिसके पाँच भाग हैं। पहले दो भागों में त्रिभुजों का मापन और शेष भागों में चतुर्भुजों और बहुभुजों का विवेचन किया गया है।

निकोलस कुसेनस (Nicholas Cusanus) कुसा (Cusa) के एक मछेरे का पुत्र था। इसने पडुआ (Padua) में क़ानून की और कोलोन (Cologne) में धर्मशास्त्र की शिक्षा पायी। इसका स्थिति काल १४०१–१४६४ था। इसने गणित पर कई पुस्तकें लिखी हैं। एक पुस्तक में इसने वृत्त के क्षेत्रकलन का विवेचन

किया है और दूसरी पुस्तक में भविष्यवाणी की है कि १७३४ ई० में संसार का अन्त हो जायगा। इसकी अन्य पुस्तकें दर्शन शास्त्र और तिथिपत्र पर हैं।

पाठक, तनिक धैर्य रखें, पीरो द फ़्रॅन्सॅस्की (Piero de Franceschi) (लगभग १४१८–९२) का नाम छूटा जा रहा है। यह इटली का एक चित्रकार था। बचपन से ही इसे गणित का शौक था। इसके चित्रों में सौन्दर्य और ज्यामिति का बड़ा विलक्षण सम्मिश्रण पाया जाता है। जीवन के अन्तिम दिन इसने अपने जन्मस्थान अम्ब्रिया (Umbria) में बिताये और उन्हीं दिनों दो गणितीय ग्रन्थ लिखे—एक दृष्टिसाम्य (Perspective) पर, दूसरा सम ठोसों पर। पॅसियोली, जिसका उल्लेख हम अंकगणित के अध्याय में कर चुके हैं, इसका शिष्य था। एक लोकोक्ति है कि यह ६० वर्ष की अवस्था में नेत्रहीन हो गया था।

रीजियोमॉण्टेनस (Regiomontanus) एक जर्मन ज्यौतिषी हुआ है जिसका मौलिक नाम जॉन मूलर (Johann Müller) था। इस ने अपने गुरु जॉर्ज पुर्बश (George Purbach) के साथ ज्यौतिष के सुधार का बीड़ा उठाया और ज्यौतिष्क सारणियों की त्रुटियाँ इकट्ठी कीं। इसने अपने जीवन (१४३६-१४७६) में अनेक पुस्तकें लिखी हैं जिनके विषय त्रिकोणमिति, ज्यौतिष और फलित-ज्यौतिष थे। त्रिकोणमिति पर इसकी पुस्तक इसलिए महत्त्वपूर्ण है कि वह पहली पुस्तक है जिसमें केवल उक्त विषय का ही प्रतिपादन किया गया है। इसके अतिरिक्त इसने यूक्लिड पर भी एक भाष्य लिखा है। यह कुछ दिनों नूरॅमबर्ग (Nuremburg) में रहा था जहाँ इसने एक वेधशाला स्थापित की। इसने विचित्र प्रकार के कुछ उपकरण भी तैयार किये थे। इसने लोहे की एक मक्खी बनायी थी जो सारे कमरे में चक्कर काट कर इसके हाथ में लौट आती थी। सम्राट मॅक्सीमीलियन (Maximillian) के समय में इसने एक ऐसा गुरुड़ बनाया कि जब सम्राट नूरॅमबर्ग नगर में घुसते थे, वह उनके आगे आगे उड़ता चलता था।

भारत

भास्कर

भास्कर के अंकगणितीय और बीजगणितीय कार्य का दिग्दर्शन हम पिछले अध्यायों में करा चुके हैं। आचार्य महोदय ने ज्यामिति में भी महत्त्वपूर्ण कार्य किया है। इनकी 'लीलावती' के 'क्षेत्र व्यवहार' नामक अध्याय में निम्नलिखित प्रकरणों का समावेश है—

(क) समकोण त्रिभुजों पर प्रश्न।

(ख) त्रिभुजों और चतुर्भुजों के क्षेत्रफल।

(ग) वृत्तों के क्षेत्रफल और π का मान।

(घ) गोलों के तल और आयतन।

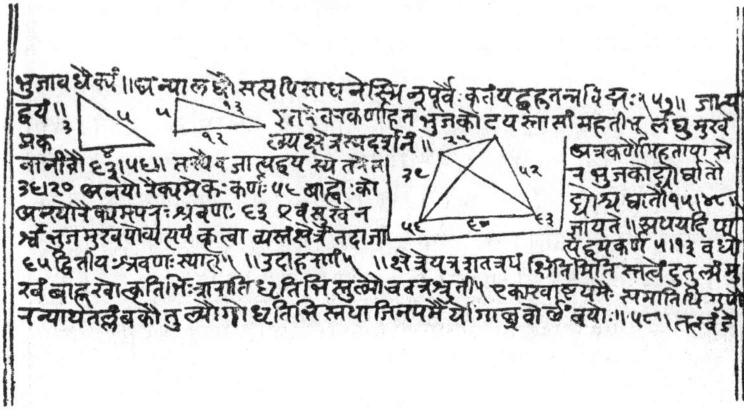

लीलावती का एक पृष्ठ।

[जिन एंड कम्पनी की अनुज्ञा से, डेविड यूजीन स्मिथ कृत 'हिस्ट्री ऑफ़ मॅथॅमॅटिक्स' से प्रत्युत्पादित।]

भास्कर ने समकोण त्रिभुजों पर बहुत से रोचक प्रश्न दिये हैं। यहाँ हम कुछ नमूने देते हैं—

(i) लीलावती श्लोक ६७ का उदाहरण—

यदि सममुवि वेणुर्द्वित्रिपाणिप्रमाणो
गणक पवनवेगादेकदेशे स भग्नः।
भुवि नृपमित हस्तेष्वङ्गलग्नं तदग्रं
कथय कतिषु मूलादेष भग्नः करेषु ॥

भावार्थ—जलसम भूमि में ३२ हाथ लम्बा एक सीधा बाँस खड़ा है। वह वायु के वेग से टूट पड़ा और उसका ऊपरी भाग अपने मूल से १६ हाथ की दूरी पर जा लगा। तो बताओ कि बाँस अपने मूल से कितनी ऊँचाई पर टूटा था, और उसके टूटे हुए खण्ड की लम्बाई क्या है।

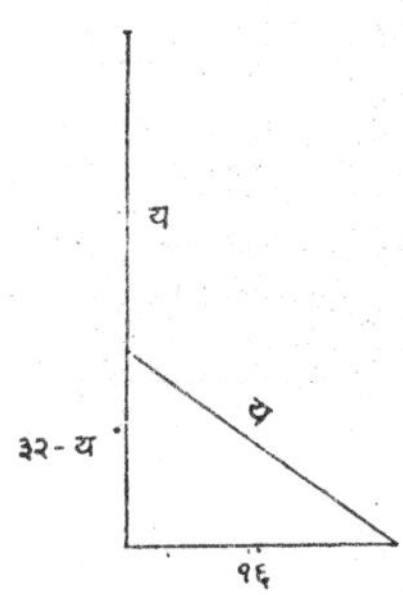

(ii) श्लोक ६८ का उदाहरण—

अस्तिस्तम्भतले बिलं तदुपरि क्रीडाशिखण्डीस्थितः
स्तम्भे हस्तनवोच्छ्रिते त्रिगुणितस्तम्भप्रमाणान्तरे ।
दृष्ट्वाहिं बिलमाव्रजन्तमपतत्तिर्यंवस तस्योपरि
क्षिप्रं ब्रूहि तयोर्बिलात्कतिमितैः साम्येन गत्योर्युतिः ॥

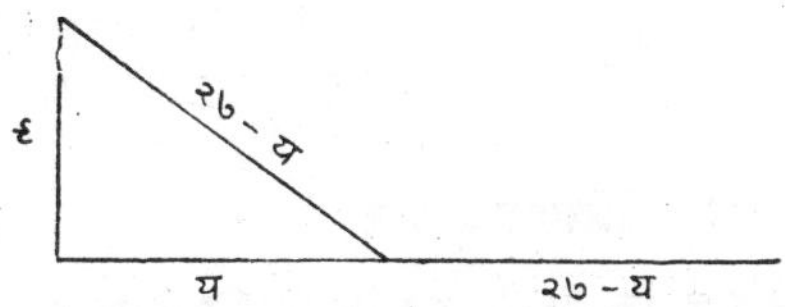

भावार्थ—९ हाथ ऊँचे एक स्तम्भ पर एक मोर बैठा है। स्तम्भ के नीचे एक साँप का बिल है। साँप २७ हाथ की दूरी से बिल की ओर आ रहा है। उसे देखकर मोर कर्ण की दिशा में झपट पड़ा। मोर और साँप को बराबर बराबर चलना पड़ा। बताओ कि दोनों की भेंट बिल से कितनी दूरी पर हुई।

(iii) ६९ वें श्लोक का उदाहरण—

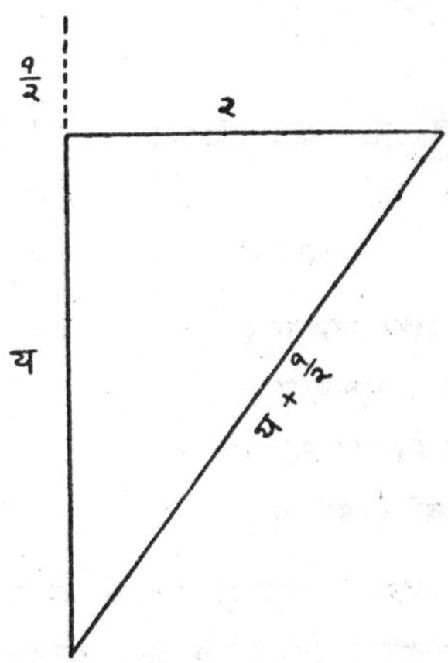

चक्रक्रौञ्चाकुलितसलिले क्वापि दृष्टं तडागे
तोयादूर्ध्वं कमलकलिकाग्रं वितस्तिप्रमाणभ् ।
मन्दंमन्दं चलितमनिलेनाहतं हस्तयुग्मे
तस्मिन्मग्नं गणक कथय क्षिप्रमम्भः प्रमा ाम् ॥

भावार्थ—किसी ताल में कमल की कलिका का ऊपरी सिरा जल से ½ हाथ ऊँचा था। वह पवन से झुकते झुकते जहाँ दिखाई पड़ता था, वहाँ से २ हाथ आगे जाकर डूब गया। बताओ कि ताल का जल कितना गहरा है।

(iv) ७१ वें श्लोक का उदाहरण—

वृक्षाद्धस्तशतोच्छ्रयाच्छतयुगे वापीं कपिः कोऽप्यगा-
दुत्तीर्याथ परो द्रुतं श्रुतिपथात्प्रोड्डीय किञ्चिद्द्रुमात् ।
जातैवं समता तयोर्यदि गतावुड्डीनमानं किय-
द्विद्वंश्चेत्सुपरिश्रमोऽस्ति गणिते क्षिप्रं तदाचक्ष्व मे ॥

भावार्थ—१०० हाथ ऊँचा एक वृक्ष है जिस पर दो बन्दर बैठे हुए हैं। वृक्ष की जड़ से २०० हाथ पर एक वापी है। एक बन्दर वृक्ष से उतर कर वापी को गया। दूसरा बन्दर वृक्ष से कुछ ऊपर उछल कर कर्ण की दिशा में वापी पर कूद कर गिरा। यदि दोनों बन्दरों को समान जाना पड़ा तो बताओ कि दूसरा बन्दर वृक्ष से कितना ऊँचा उछला था।

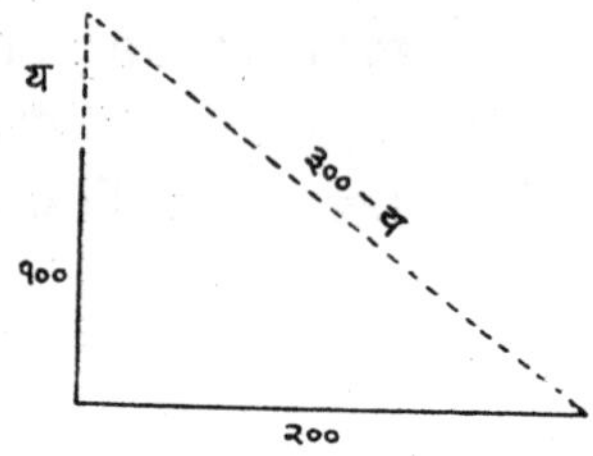

ठीक ऐसा ही प्रश्न ब्रह्मगुप्त ने भी दिया था। देखिए पृ० ३९

(v) एक स्थान पर भास्कराचार्य कहते हैं कि किसी चतुर्भुज के निर्धारण के लिए चारों भुजाओं के अतिरिक्त एक विकर्ण अथवा एक लम्ब का जानना आवश्यक है। इसे उन्हीं के शब्दों में सुनिए—

चतुर्भुजस्यानियतौ हि कर्णौ
कथं ततोऽस्मिन्नियतं फलं स्यात्।
प्रसाधितौ तच्छ्रवणौ यदाद्यैः
स्वकल्पितौ तावितरत्र न स्तः ॥७८॥
तेष्वेव बाहुष्वपरौ च कर्णा-
वनेकधा क्षेत्रफलं ततश्च।
लम्बयोः कर्णयोर्वैकमनिर्दिश्यापरान्कथम्।
पृच्छत्यनियतत्वेऽपि नियतं चापि तत्फलम् ॥
स प्रच्छकः पिशाचो वा वक्ता वा नितरां ततः।
यो न वेत्ति चतुर्बाहौ क्षेत्रे ह्यनियतां स्थितिम् ॥

भावार्थ—बिना विकर्ण के जाने चतुर्भुज अनियत रहता है। एक ही क्षेत्र में अनेक विकर्ण हो सकते हैं। यदि हम चारों भुजाओं की लम्बाइयाँ स्थिर रखें और आमने सामने के दो कोणों को खींचें। तो एक विकर्ण बढ़ेगा, दूसरा घटेगा, किन्तु भुजाओं के परिमाण में कोई अन्तर नहीं पड़ेगा। अतः ऐसी स्थिति में विकर्ण कई प्रकार के हो सकते हैं। इसलिए यदि चतुर्भुज के क्षेत्रफल का प्रश्न हो तो एक विकर्ण अथवा एक लम्ब का देना आवश्यक है।

विकर्ण अथवा लम्ब दिये बिना जो कोई चतुर्भुज का क्षेत्रफल पूछता है, वह पिशाच है। और जो ऐसे प्रश्न का उत्तर देने का प्रयत्न करता है, वह महापिशाच है।

भास्कराचार्य Diagonal को 'कर्ण' कहते हैं किन्तु आधुनिक शब्दावली के अनुसार हमने उसे 'विकर्ण' कहा है।

(vi) π के मान के विषय में भास्कर का यह श्लोक पठनीय है—

व्यासे भनन्दाग्नि (३९२७) हते विभक्ते
खबाणसूर्यैः (१२५०) परिधिस्तु सूक्ष्मः।
द्वाविंशति (२२) घ्ने विहृतेऽथ शैलैः (७)
स्थलोऽथवा स्याद्व्यवहारयोग्यः ॥९८॥

इस श्लोक के अनुसार

π का स्थूल मान (Rough value) $= \frac{२२}{७}$

और सूक्ष्म मान (Close value) $= \frac{३९२७}{१२५०}$

(vii) भास्कर ने एक ही श्लोक में वृत्त के क्षेत्रफल, गोले का तल और गोले का आयतन दिया है—

वृत्तक्षेत्रे परिधिगुणितव्यासपादः फलं—
तत्क्षुण्णं वेदैरुपरि परितः कन्दुकस्येव जालम्।
गोलस्यैवं तदपि च फलं पृष्ठजं व्यासनिघ्नं
षड्भिर्भक्तं भवति नियतं गोलगर्भे घनाख्यम् ॥९९॥

भावार्थ—वृत्त का क्षेत्रफल $=$ परिधि $\times \frac{१}{४}$ (व्यास) $= \pi$(त्रिज्या)^२,

गोले का तल $=$ (बृहत् वृत्त का क्षेत्रफल) $\times ४$
$= ४\pi$(त्रिज्या)^२,

गोले का आयतन $= \frac{१}{६}$ (गोले का तल) $\times$ (व्यास)
$= \frac{१}{६} \times ४\pi$ (त्रिज्या)$^२ \times २$ त्रिज्या $= \frac{४}{३}\pi$ (त्रिज्या)^३

(६) सोलहवीं और सत्रहवीं शताब्दियाँ

सोलहवीं शताब्दी का यूरोप

इटली और सिसिली—सोलहवीं शताब्दी के गणितज्ञों में लियो नार्डो डा विन्सी (Leonardo da Vinci) (१४५२–१५१९) का नाम प्रमुख रूप से आता

है। यह केवल गणितज्ञ ही नहीं था। इसकी प्रतिभा बहुमुखी थी। यह एक बहुत ही सफल चित्रकार, मूर्तिकार और स्थापत्य-कलाकार था। इसने चित्रकारी की शिक्षा वॅरोचियो (Verrochio) से प्राप्त की थी जो इन कलाओं का मर्मज्ञ और एक बहुत सफल शिक्षक था। लियोनार्डो के चित्रों की इटली भर में धूम मच गयी थी। इन व्यावहारिक कलाओं के अतिरिक्त इसने यान्त्रिकी, चाक्षुषी और दृष्टिसाम्य जैसे गणितीय विषयों में भी असाधारण प्रतिभा दिखायी थी।

सन् १४८४–८५ में मिलन में रोग फैले और सैकड़ों घर नष्ट हो गये। मिलन को नये सिरे से स्वास्थ्यकर ढंग से बसाने के लिए लियोनार्डो ने एक प्रतिमान (Model) तैयार किया। इसे तैयार करने में इसे कई वर्ष लगे। इसी बीच में यह कापियों में ज्यामितीय गवेषणाओं के फल लिखता जाता था। ज्यामिति में इसकी विशेष रुचि वक्रों और सम बहुभुजों के निर्माण में थी। भौतिकी के क्षेत्र में तो यह चाक्षुषी के निर्माताओं में गिना जाता है। इस पर यह कहावत लागू है कि "इसने जिस वस्तु पर हाथ रख दिया, उसे सोना बना दिया।" ऐसे प्रतिभाशाली व्यक्ति संसार में गिने चुने ही हुआ करते हैं।

फ्रॅन्सॅस्को मॉरोलिको (Francesco Maurolico) (१४९४–१५७५) सिसिली का निवासी था। यह कुछ समय मॅसीना (Messina) में गणित का प्राध्यापक भी रहा। इसने गणित पर बहुत सी पुस्तकें लिखी हैं। इसने ऍपोलोनियस के ग्रन्थ के भाग १–४ का अनुवाद किया। इसके अतिरिक्त आर्किमॅडीज़ पर एक पुस्तक लिखी और यूक्लिड के फ़ॅनॉमॅना (Phenomena) का अनुवाद किया। १५२१ में इसने एक पुस्तक चाक्षुषी पर लिखी जिसमें इस बात का विवेचन किया कि छोटे छिद्रों में जाने से प्रकाश किरणों पर क्या प्रक्रिया होती है।

कॅटॅल्डी (Cataldi) बोलोना का निवासी था। इसका जीवन काल १५४८–१६२६ था। यह फ़्लॉरॅंस (Florence) में प्राध्यापक था और इसने गणितीय विषयों पर कतिपय ग्रन्थ लिखे हैं। इसने वितत भिन्नों (Continued Fractions) पर बहुत परिश्रम किया है। १६१३ में इसने वितत भिन्नों की विधि से संख्याओं के वर्ग मूल निकालें। इसके अतिरिक्त उक्त भिन्नों के लिखने की आधुनिक प्रणाली का जन्मदाता भी यही था। इस ने वृत्त के क्षेत्रकलन पर लेखनी उठायी और यूक्लिड के ६ भागों का सम्पादन भी किया।

फ्रांस—पॅट्रस रॅमुस (Petrus Ramus) (१५१५–१५७२) फ्रांस का एक विचारक था। यह एक प्रतिष्ठित घराने में उत्पन्न हुआ था जो निर्धन हो गया था।

इसका पिता कोयला जलाकर निर्वाह किया करता था। रॅमुस ने एक कॉलिज में निम्न कोटि की नौकरी कर ली। दिन भर काम किया करता था, रात में अध्ययन। उस समय तक अरस्तू सम्प्रदाय के प्रति विद्रोह आरम्भ हो चुका था और उक्त आन्दोलन में रॅमुस नेता बन गया। इसने १५३६ में 'मास्टर' की उपाधि प्राप्त की और तभी से इस मत का प्रतिपादन आरम्भ कर दिया कि "जो कुछ अरस्तू ने कहा है, सब मिथ्या है।" एक बार इस पर यह अभियोग लगाया गया कि यह धार्मिक सिद्धान्तों के विरुद्ध प्रचार कर रहा है। सात वर्ष पश्चात् उक्त अभियोग से इसे छुटकारा मिला और यह एक कॉलिज में प्राध्यापक नियुक्त हो गया। १५६८ में इसे अपने धार्मिक विचारों के कारण फ्रांस छोड़कर भागना पड़ा। १५७२ में यह फ्रांस लौट कर आया और उसी वर्ष सेण्ट बार्थोलोम्यू (St. Bartholomew) के हत्याकाण्ड में मारा गया।

रॅमुस एक बहुत ही सफल वक्ता था और गणित में इसकी विशेष रुचि थी। इसने अंकगणित, चाक्षुषी और ज्यामिति पर पुस्तकें लिखी हैं और यूक्लिड का सम्पादन किया है।

जर्मनी—अल्ब्रेख्ट ड्यूरर (Albrecht Dürer) (१४७१–१५२८) एक जर्मन चित्रकार था। इसके पिताजी के १८ बच्चे हुए जिनमें से इसकी संख्या दूसरी थी। अल्ब्रेख्ट अपने पिता का सबसे प्रिय पुत्र था। पिता ने इसे १५ वर्ष की अवस्था में ही नगर के एक प्रसिद्ध चित्रकार के पास बिठा दिया था। यह केवल एक बढ़िया चित्रकार ही नहीं था। इसने उत्किरण (Engraving) और ज्यामिति में भी विशेष रुचि दिखायी है। इसने ज्यामिति, गढ़बन्दी, मानवी अनुपात आदि पर कई पुस्तकें लिखी हैं।

लूडोल्फ़ फ़ॅन स्यूलॅन (Ludolph Van Ceulen) (१५४०–१६१०) जर्मनी का एक गणितज्ञ था जिसका अधिकांश समय हॉलॅण्ड में बीता था। यह १६०० में लॅडॅन में सैनिक इंजीनियरी का प्राध्यापक हो गया। यूँ तो इसने अंकगणित और ज्यामिति पर भी एक ग्रन्थ लिखा, किन्तु इसकी विशेष प्रशस्ति इस बात से हुई कि इसने π का मान ३५ दशमलव स्थानों तक निकाला। उक्त संख्या का महत्त्व इसी से प्रत्यक्ष है कि यही संख्या स्यूलॅन की क़ब्र पर खोदी गयी है। बाद को स्यूलॅन के कार्य से प्रोत्साहित होकर स्नॅलियस (Snellius), हाइगॅन्स (Hygens) आदि ने π का मान और भी आगे तक निकाला। इस प्रकार π का मान ५०० दशमलव स्थानों तक निकाल लिया गया है।

क्रिस्टोफ़र क्लॅवियस (Christopher Clavius) (१५३७–१६१२) जर्मनी के उन विद्वानों में से था जिन्होंने गणित के अध्ययन को बहुत प्रोत्साहित किया। इसकी पाठ्य पुस्तकें अपने विषय-विन्यास और उपस्थापन के लिए प्रसिद्ध थीं। इसका अंकगणित १५८३ में प्रकाशित हुआ और बहुत लोकप्रिय सिद्ध हुआ। इसका बीजगणित १६०८ में प्रकाशित हुआ जिसने बीजगणित के क्षेत्र को व्यापक बनाने में सहायता दी। १५७४ में क्लॅवियस ने यूक्लिड पर एक ग्रन्थ लिखा। उस समय तक यूक्लिड की 'समान्तरता स्वयंसिद्धि' (Axiom of parallelism) के प्रति प्रतिक्रिया आरम्भ हो चुकी थी। क्लॅवियस ने उक्त स्वयंसिद्धि को भी प्रमाणित करने का प्रयत्न किया। किन्तु इसका सबसे महत्त्वपूर्ण ग्रन्थ ८०० पृष्ठ की एक पुस्तक थी जो इसने तिथिपत्र पर लिखी थी। उस समय तक धूपघड़ी आदि के विषय में जितनी भी जानकारी लोगों को थी, सबका समावेश उक्त ग्रन्थ में था।

हॉलॅण्ड—मॅटियस (Metius) (लगभग १५४२–१६२०) हॉलॅण्ड का निवासी था। इसका वास्तविक नाम ऍड्रियॅन (Adriaen) था। सम्भव है इसका सम्बन्ध मॅट्ज़ (Metz) से रहा हो जिसके कारण इसका नाम मॅटियस पड़ गया हो। इसका एक पुत्र था जिसका नाम भी ऍड्रियॅन ही था। उसका जीवन काल १५७१–१६३५ था। उसका विशेष कार्य ज्यौतिष में है। पिता और पुत्र दोनों ने π का मान $\frac{३५५}{११३}$ दिया है। उन्होंने इस असमता

$$३\frac{१५}{१०६} < \pi < ३\frac{१७}{१२०}$$

से आरम्भ किया। फिर दोनों अंशों १५ और १७ का मध्यक १६ और दोनों हरों का मध्यक ११३ प्राप्त किया, और इस प्रकार इन्हें उपर्युक्त संख्या $\frac{३५५}{११३}$ मिल गयी जिसका निकट मान ३.१४१५९२९ है। उस समय के लिए इसे पर्याप्त सूक्ष्म मान माना जायगा, किन्तु कदाचित् उन दोनों को पता नहीं था कि चीन में इससे कई शताब्दी पहले π का यह निकट मान ज्ञात हो चुका था।

पुर्तगाल—पुर्तगाल का एक गणितज्ञ पॅड्रो नूनॅज़ (Pedro Nunez) था जिसका स्थिति काल १४९२–१५७७ था। इसे भूगोल का भी अच्छा ज्ञान था। इसने १५३७ में टोलेमी के कुछ भागों का अनुवाद किया। गणित पर तो इसने एक ही पुस्तक लिखी जिसमें अंकगणित, बीजगणित और ज्यामिति तीनों का समावेश था। इसकी

शेष पुस्तकें ज्यौतिष और **नौतरण** (Navigation) पर हैं। इसका लॅटिन नाम नोनियस (Nonius) था। इसने एक उपकरण तैयार किया था जिससे छोटे कोण नापे जा सकते थे। उक्त उपकरण का नाम भी नोनियस पड़ गया है। इसके अतिरिक्त इसने प्राचीन पुर्तगाली यन्त्रों का एक विवरण दिया जो प्रसिद्ध हो गया है।

हम ऊपर देख चुके हैं कि सोलहवीं शताब्दी में गणित के क्षेत्र में इटली अग्रणी रहा है। सत्रहवीं शताब्दी में इटली की मानसिक शक्ति कुछ घटी अवश्य थी, किन्तु फिर भी उसकी गणितीय प्रतिभा का सर्वथा ह्रास नहीं हुआ था। पिसा, जिसने लियोनार्डो जैसी प्रतिभा को जन्म दिया था, अब एक समुद्र-पत्तन (Sea-Port) नहीं रह गया था और वेॅनिस की शोभा भी दिन पर दिन घटती जा रही थी। तिस पर भी सत्रहवीं शताब्दी में इटली में कई उच्च कोटि के गणितज्ञ हुए हैं।

इटली—बोनावेॅन्तुरा कॅवॅलियरी (Bonaventura Cavalieri) (१५९८–१६४७) का जन्म मिलन में हुआ था। अल्पावस्था में ही यह एक धर्म प्रचारक हो गया और यूक्लिड का अध्ययन करने लगा। १६२९ में यह बोलोना में प्राध्यापक हो गया और मृत्यु तक उसी पद पर रहा। १६३५ में इसने ज्यामिति पर एक ग्रन्थ लिखा जिसमें **'अविभाज्यों के सिद्धान्त'** (Principle of Indivisibles) का प्रतिपादन किया। उक्त सिद्धान्त का सार यह है कि प्रत्येक रेखा में अनन्त बिन्दु होते हैं, प्रत्येक समतल में अनन्त रेखाएँ होती हैं और प्रत्येक ठोस अनन्त समतलों से बना होता है। उक्त सिद्धान्त बहुत सन्तोषजनक रूप में नहीं दिया गया था। गुल्डिन (Guldin) ने उसकी आलोचना की। उक्त आलोचना के उत्तर में कॅवॅलियरी ने एक अन्य पुस्तक लिखी जिसमें उसी सिद्धान्त को सन्तोषजनक रूप दे दिया गया था। उक्त पुस्तक में ही परिक्रमण ठोसों सम्बन्धी उस प्रमेय की परुष उपपत्ति दी गयी थी जो आज 'गुल्डिन प्रमेय' के नाम से प्रसिद्ध है। उक्त प्रमेय का उल्लेख पॅपस की कृतियों में भी आ चुका था।

कॅवॅलियरी ने अपने **'अविभाज्यों के सिद्धान्त'** की विधि से कॅप्लर (Kepler) द्वारा प्रस्तावित ऐसे कई प्रश्नों को हल किया जो आजकल चलराशि कलन (Integral Calculus) की विधि से किये जाते हैं।

उपरिलिखित पुस्तकों के अतिरिक्त कॅवॅलियरी ने अन्य कई पुस्तकें त्रिकोणमिति, चाक्षुषी, ज्यौतिष आदि पर लिखी हैं।

इवॅन्जॅलिस्टा टॉरिसॅली (Evangelista Torricelli) (१६०८–१६४७) का जन्म फॅन्जा (Frenza) में हुआ था। अध्ययन के लिए यह रोम गया। वहाँ इसने

गॅलीलियो की कृतियों का मनन किया और उनसे स्फुरण प्राप्त किया। १६४१ में यह फ़्लॉरॅन्स जाकर गॅलीलियो से मिला। तीन महीने यह गॅलीलियो के शिष्यत्व में रहा। गॅलीलियो के देहान्त के पश्चात् यह फ़्लॉरॅन्स की परिषद् में प्राध्यापक नियुक्त हो गया।

टॉरिसॅली का मुख्य कार्य भौतिकी में हुआ है। इसने संसार को बॅरॉमेटर (Barometer) दिया। पारे के बॅरॉमेटर में जो ऊपरी स्थान में निर्वात होता है, उसे आज भी **टॉरिसॅली निर्वात** (Torricelli Vacuum) कहते हैं। इसके अतिरिक्त टॉरिसॅली का ज्यामितीय कार्य भी महत्त्व का हुआ है। १६३८ में मर्सीन (Mersenne) ने गॅलीलियो को लिखा कि "रूबर्वल ने चक्रज (Cycloid) का क्षेत्रकलन कर लिया है।" गॅलीलियो ने उक्त पत्र टॉरिसॅली के पास भेजा। इसके उत्तर में टॉरिसॅली ने चक्रज का क्षेत्रकलन करके दिखा दिया। इसके अतिरिक्त इसने कॅवॅलियरी के अविभाज्यों के सिद्धान्त का भी विकास किया है।

विसॅंज़ो विवियानी (Vincenzo Viviani) (१६२२–१७०३) भी गॅलीलियो के शिष्यों में से था। इसकी रुचि भौतिकी और ज्यामिति में थी। इसी की प्रेरणा से फ़्लॉरॅन्स में वैज्ञानिक प्रयोगों के लिए एक परिषद् की स्थापना हुई। टॉरिसॅली इसका सदस्य था। उक्त परिषद् में वायु के दबाव पर प्रयोग किये जाते थे, किन्तु वह कुल दस वर्ष ही चल पायी। विवियानी ने एक ज्यामितीय प्रश्न उपस्थित किया—"एक वृत्ताकार मन्दिर है जिसपर एक अर्धगोलाकार गुम्बद बिठाया हुआ है। गुम्बद में चार समान खिड़कियाँ ऐसे आकार की हैं कि शेष तल का ठीक ठीक माप निकाला जा सकता है। खिड़कियों का आकार बताओ।" इस प्रश्न के कई हल अन्य गणितज्ञों ने निकाले, किन्तु सबसे सरल हल स्वयं विवियानी का ही था। इसने ज्यामिति पर कई ग्रन्थ लिखे हैं जिनसे पहले से ही इसकी प्रतिष्ठा जम गयी थी।

फ्रांस—रॅनी दकार्ते (Rene Descartes) का जीवन काल १५९६–१६५० था। इसका शरीर तो कभी तगड़ा नहीं रहा, किन्तु इसकी मानसिक शक्ति अद्भुत थी। इसी कारण इसके पिताजी बचपन से ही इसे 'लघु दार्शनिक' कहा करते थे। स्कूल के पहले पाँच वर्षों में इसने गणित, तर्कशास्त्र, भौतिकी आदि का अध्ययन किया। १६ वर्ष की अवस्था में इसने स्कूल छोड़ा। सन् १६१६ में यह क़ानून का स्नातक हो गया। १६१८ में यह हॉलॅण्ड गया। वहाँ उन दिनों यह परिपाटी थी कि जब किसी के हाथ कोई कठिन प्रश्न लग जाता था तो वह उसे चुनौती के रूप में नगर की दीवारों पर चिपका दिया करता था। एक बार दकार्ते ने ऐसी एक चुनौती देखी जो डच भाषा में लिखी हुई थी। एक व्यक्ति उसके पास खड़ा था जो संयोग से प्रसिद्ध

गणितज्ञ बीकमॅन (Beeckman) था। दकार्ते ने उससे चुनौती का अर्थ पूछा। बीकमॅन ने उसका अनुवाद कर दिया और मखौल में दकार्ते से कहा कि वह उक्त

दकार्ते (१५९६–१६५०)

[डोवर पब्लिकेशंस, इन्कॉर्पोरेटेड, न्यूयॉर्क---१०, की अनुज्ञा से, डी० स्ट्रुइक कृत 'ए कॉन्साइज हिस्ट्री ऑफ़ मॅथॆमॅटिक्स' (१.७५ डॉलर) से प्रत्युत्पादित।]

प्रश्न का साधन करे। दो दिन में दकार्ते उस प्रश्न को हल कर लाया। इस प्रकार दोनों गणितज्ञों में मैत्री हो गयी। दकार्ते ने संगीत पर एक पुस्तक लिखी जो बीकमॅन को समर्पित कर दी।

दकार्ते ने सेना में नाम लिखा लिया था, किन्तु १६२१ में उसे छोड़ दिया। उसके अगले चार वर्ष पर्यटन में बीते। विदेश में ही उसने दर्शनशास्त्र पर एक ग्रन्थ लिखा जो उसके जीवन काल में छप नहीं पाया। तत्पश्चात् कई वर्षों के परिश्रम से उसने विज्ञान पर एक बृहत् ग्रन्थ लिखा जिसमें तीन परिशिष्ट थे। इन्हीं परिशिष्टों में से एक ज्यामिति पर था।

इस प्रकार दकार्ते की ज्यामिति १०० पृष्ठों के एक परिशिष्ट से आरम्भ हुई। उक्त पुस्तिका में उसने निर्देशांक ज्यामिति (Coordinate Geometry) की नीव डाली। यों समझना चाहिए कि दकार्ते ने ज्यामिति पर बीजगणित का प्रयोग किया। उक्त विषय की मुख्य समस्या यह है कि किसी समतल पर किसी बिन्दु की स्थिति किस प्रकार जानी जाय। दकार्ते ने यह पद्धति निकाली कि दो रेखाओं से उक्त बिन्दु की दूरी नाप ली जाय। इस प्रकार बिन्दु की स्थिति सुनिश्चित हो जाती है। उक्त पद्धति को आज भी **कार्तीय पद्धति** कहते हैं।

दकार्ते ने वक्रों का वर्गीकरण किया और समीकरण सिद्धान्त में भी प्रगति की। इसके अतिरिक्त उसने संकेतलिपि के क्षेत्र में भी नवीनता दिखायी है। सबसे पहले उसीने घातांको को ऊपर चढ़ाकर—इस प्रकार य^2, य^3—लिखने की प्रणाली चलायी। साथ ही वह पहला व्यक्ति था जिसने रोमन वर्णमाला के पहले वर्णों $a, b, c, \ldots$ से ज्ञात राशियों को, और अन्तिम वर्णों x, y, z से अज्ञात राशियों को निरूपित किया। यह प्रणाली आज तक चालू है।

दकार्ते के कार्य के कई महत्त्वपूर्ण परिणाम निकले हैं। उस के द्वारा लोग ऋण राशियों का ज्यामितीय अर्थ समझने लगे। इसके अतिरिक्त उसी के फलस्वरूप सातत्य, सीमा और फलन (Function) जैसे भावों का विकास हुआ। इसी कारण दकार्ते को प्रथम आधुनिक गणितज्ञ कहा जाता है।

ब्लेस पास्कल (Blaise Pascal) (१६२३–१६६२) फ्रांस का एक धार्मिक दार्शनिक था। जब यह चार वर्ष का था तभी इसकी माता इसकी दो बहिनें छोड़कर मर गयी। तीनों बच्चों का लालन पालन पिता ने किया। एक बार यह सरकार का कोपभाजन बन गया और डर के मारे इसे कुछ दिनों अज्ञात वास करना पड़ा। यह प्रायः रुग्ण रहा करता था, किन्तु फिर भी अपनी गणितीय गवेषणाओं पर

अथक परिश्रम करता रहता था। १६४८ में इसने अपना बॅरॉमेटर सम्बन्धी प्रयोग प्रकाशित किया। बॅरॉमेटर के सिद्धान्त का प्रतिपादन तो दकार्ते और टॉरिसेली ने कर दिया था, किन्तु पूर्ण प्रदर्शन पास्कल के प्रयोगों द्वारा ही हुआ।

पास्कल (१६२३–६२)

[डोवर पब्लिकेशंस, इन्कॉर्पोरेटेड, न्यूयॉर्क----१०, की अनुज्ञा से, डी० स्ट्रुइक कृत 'ए कॉन्साइज़ हिस्ट्री ऑफ़ मॅथॅमॅटिक्स' (१.७५ डॉलर) से प्रत्युत्पादित।]

पास्कल में असाधारण प्रतिभा थी। इसने यूक्लिड के प्रथम भाग के अधिकांश साध्यों को स्वतन्त्र रूप से स्वयं सिद्ध किया था। सोलह वर्ष की अवस्था में इसने एक पाण्डुलिपि लिखी थी। जब वह हस्तलिपि दकार्ते को दिखायी गयी, उसे विश्वास नहीं हुआ कि वह सोलह वर्ष के किसी लड़के की कृति हो सकती है। उन्हीं साध्यों में से एक यह था--यदि किसी शांकव में कोई षड्भुज खींचा जाय तो सम्मुख भुजाओं

की तीनों जोड़ियों के कटान बिन्दु संरैखिक (Collinear) होंगे। यही साध्य **पास्कल प्रमेय** के नाम से प्रसिद्ध है। पास्कल ने इसी प्रमेय से ४०० उपप्रमेय निकाले।

पास्कल के समय में बहुत से गणितज्ञों ने चक्रज पर गवेषणा कार्य किया था। पास्कल ने उक्त वक्र का गुरुत्व केन्द्र, उसके परिक्रमण द्वारा निर्मित ठोसों के गुरुत्व केन्द्र और तत्सम्बन्धी और बहुत से फल प्राप्त किये। उसकी उपस्थिति में तो उसके ज्यामितीय कार्य में से केवल 'अंकगणितीय त्रिभुज' वाला अंश प्रकाशित हो पाया जिसे आजकल 'पास्कल त्रिभुज' कहते हैं। जैसा सर्वविदित है, उक्त त्रिभुज के द्वारा 'सरूप संख्याओं' (Figurate Numbers) के गुण व्यक्त किये जाते हैं। पास्कल की ज्यामितीय कृतियों का शेषांश १६६५ में छपा।

जेरर्ड देसार्ग (Gerard Desargues) (१५९३–१६६२) फ्रांस का एक गणितज्ञ था। व्यवसाय से यह एक इंजीनियर था। इसके कार्य से दकार्ते और पास्कल

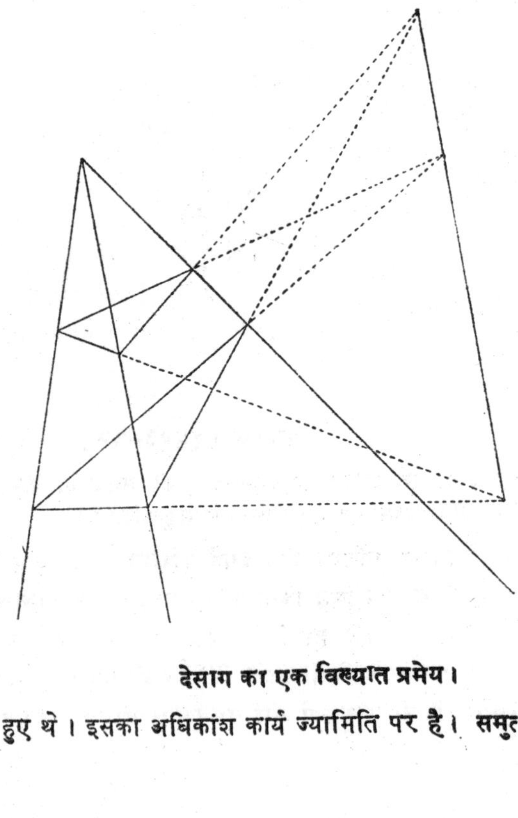

देसाग का एक विख्यात प्रमेय।

भी प्रभावित हुए थे। इसका अधिकांश कार्य ज्यामिति पर है। **समुत्क्रमण सिद्धान्त**

(Theory of Involution) के लिए गणितीय जगत् इसी का आभारी है। इसकी सब से प्रसिद्ध पुस्तक शांकवों पर है।

देसार्ग का एक विख्यात प्रमेय यह है—यदि दो त्रिभुजों के शीर्ष तीन संगामी रेखाओं पर स्थित हों तो उनकी भुजाएँ तीन संरैखिक बिन्दुओं पर मिलेंगी। १६३९ में जब देसार्ग ने शांकवों पर अपनी पुस्तक का प्रारूप तैयार किया तो किसी को यह विश्वास नहीं हुआ कि वास्तव में वह उसी का लिखा हुआ था। अतः वह रद्दी की टोकरी में डाल दिया गया। सौभाग्य से द ला हायर (De la Hire) ने उसकी नक़ल कर ली थी। इस प्रकार उक्त पुस्तक नष्ट होने से बच गयी। उसमें देसार्ग ने अनन्त की कल्पना की भूमिका बाँधी है। उसने लिखा है कि जब शंकु (Cone) का शीर्ष अनन्त को चला जाता है तब शंकु का बेलन बन जाता है। और इसी पुस्तक से एकैकी-संगति (Homology) की भी नीव पड़ी।

द ला हायर (१६४०–१७१८) पेरिस का निवासी था। इसने अपने जीवन में अनेक विषयों को अपनाया। आरम्भ में यह चित्रकार और स्थापत्य-शास्त्री था। तत्पश्चात् गणित का प्राध्यापक हुआ और अन्तिम वर्षों में फ्रांस के **भूमितीय** (Geodetic) सर्वेक्षण कार्य में नियुक्त हुआ। इसने गणितीय विषयों पर अनेक लेख लिखे। इसके अतिरिक्त शांकवों और बीजगणित पर पुस्तकें भी लिखीं। किन्तु इसका सबसे प्रसिद्ध कार्य माया वर्गों पर हुआ है। इसने माया वर्ग बनाने की एक नयी विधि दी जिससे किसी भी वर्ण (Order) का माया वर्ग बनाया जा सकता है। इस विधि का संशोधित रूप इस प्रकार है—

पहले दो सहायक वर्ग बनाइये। यदि पाँचवें वर्ण का वर्ग बनाना है तो एक वर्ग इन अंकों—१, २, ३, ४, ५ से बनाइये, दूसरा ०, ५, १०, १५, २० से।

३	१	४	२	५
५	३	१	४	२
२	५	३	१	४
४	२	५	३	१
१	४	२	५	३

१५	०	२०	५	१०
०	२०	५	१०	१५
२०	५	१०	१५	०
५	१०	१५	०	२०
१०	१५	०	२०	५

दोनों वर्गों में से प्रत्येक की प्रत्येक पंक्ति, प्रत्येक स्तम्भ और एक विकर्ण में दिये हुए अंकों में से केवल एक ही आयेगा। पहले वर्ग के शेष विकर्ण में केवल ३, ३,.... हैं और दूसरे वर्ग के शेष विकर्ण में केवल १०, १०,........

अब दोनों वर्गों की संगत कुटियों (Cells) के अंकों को जोड़ने से इच्छित माया वर्ग प्राप्त हो जायगा।

१८	१	२४	७	१५
५	२३	६	१४	१७
२२	१०	१३	१६	४
९	१२	२०	३	२१
११	१९	२	२५	८

(७) अट्ठारहवीं और उन्नीसवीं शताब्दियाँ

यूरोप

रॉबर्ट सिम्सन (Robert Simson) एक अंग्रेज गणितज्ञ था जिसका जीवन काल १६८७–१७६८ था। शिक्षा तो इसने डाक्टरी की प्राप्त की, किन्तु यह ग्लास्गो (Glasgow) में गणित का अध्यापक हो गया। स्कूल के विद्यार्थी इस प्रमेय से भली भाँति परिचित होते हैं—

"यदि किसी त्रिभुज के परिवृत्त के किसी बिन्दु से तीनों भुजाओं पर लम्ब डाले जायँ तो उनके मूल संरेखिक होंगे।"

ज्यामिति पर सिम्सन का यह प्रमेय प्रसिद्ध है और तत्सम्बन्धी रेखा को **'सिम्सन रेखा'** कहते हैं। सिम्सन ने यूक्लिड का भी एक संस्करण प्रकाशित किया था जो बहुत लोकप्रिय हो गया है। सार्विक चतुर्घात समीकरण पर भी सिम्सन का कार्य प्रशंसनीय हुआ है।

जॉर्ज सामन (George Salmon) (१८१९–१९०४) आयरलैण्ड का निवासी था। इसका कार्य कई क्षेत्रों में फैला हुआ था जिनमें से प्रमुख ये थे—उच्च बीजगणित, **निश्चल-सिद्धान्त** (Theory of Invariants), शांकव और त्रैविम (Three-dimensional) ज्यामिति। इसका "आधुनिक उच्च बीजगणित" निश्चल-सिद्धान्त का प्रथम ग्रन्थ कहलाता है।

विलियम किंगडन क्लिफ़ोर्ड (William Kingdon Clifford) (१८४५-१८८९) ऐग्ज़ेटर (Exeter) का निवासी था। इसने लन्दन और केम्ब्रिज में शिक्षा पायी। १८७१ में यह यूनीवर्सिटी कॉलिज, लन्दन, में प्राध्यापक नियुक्त हुआ और १८७४ में रॉयल सोसाइटी का अधिसदस्य बन गया। यों क्लिफ़ोर्ड एक खिलाड़ी था, किन्तु १८७६ में ही इसका स्वास्थ्य जवाब देने लगा और १८८९ में ४४ वर्ष की अल्पा-

वस्था में ही इसका देहावसान हो गया। इसकी पत्नी भी प्रतिभाशालिनी थी और अंग्रेज़ी उपन्यासकारों तथा नाटककारों में उसने अच्छा स्थान प्राप्त कर लिया था। इसकी लड़की ऐंथिल (Ethel) कवयित्री के रूप में प्रसिद्ध हो गयी थी।

क्लिफ़ोर्ड में असाधारण मौलिकता थी। इसके अतिरिक्त इसमें वक्तृता शक्ति का भी बाहुल्य था और इसकी लेखन शैली स्पष्ट थी। यह एक उच्च कोटि का गणितज्ञ था। उस समय तक केम्ब्रिज के गणितज्ञों में वैश्लेषिक परिपाटी का प्रचलन था। क्लिफ़ोर्ड ने उक्त परिपाटी के विरुद्ध आवाज़ उठायी और एक शुद्ध ज्यामितिज्ञ बनने का प्रयत्न किया। इसकी विशेष रुचि इन विषयों में थी—वैश्व बीजगणित (Universal Algebra), अ-यूक्लिडी ज्यामिति, दीर्घवृत्तीय फलन, द्विचतुष्टय (Biquaternions)। इसने आलैखिक (Graphical) विधियों का भी प्रचलन किया। इसकी सबसे प्रसिद्ध पुस्तक है—Common Sense of the Exact Sciences.

पेरिस के एक गणितज्ञ फ्रैंसॉय निकोल (Francois Nicole) (१६८३–१७५८) का नाम भी उल्लेखनीय है। यह बचपन में ही एक बहुत होनहार लड़का दिखाई पड़ता था। १९ वर्ष की अल्पावस्था में इसने चक्रज (Cycloid) का चापकलन (Rectification) कर लिया था। इसने इन विषयों पर अपनी लेखनी उठायी—शांकव, त्रिघात वक्र, समत्रिभाजन समस्या, सम्भाव्यता (Probability), सान्त अन्तर कलन (Calculus of Finite Differences)

फ्रांस का एक अन्य गणितज्ञ गॅस्पर्ड मॉंजे (Gaspard Monge) (१७४६–१८१८) विशेष उल्लेखनीय है। यह वर्णनात्मक ज्यामिति का जन्मदाता कहलाता है। इसकी शिक्षा बियॉन (Beaune) और लियॉस में हुई थी। विज्ञान में इसकी विशेष रुचि थी। इसने १४ वर्ष की अवस्था में एक अग्नि इंजन का निर्माण किया था। यह २२ वर्ष के वयस् में गणित का, और २५ वर्ष के वयस् में भौतिकी का प्राध्यापक नियुक्त हो गया। ९ वर्ष पश्चात् यह पेरिस में आम्भसी (Hydraulics) का प्राध्यापक हो गया।

१७७० से १७९० तक मॉंजे ने गणितीय और भौतिक विषयों पर दर्जनों लेख लिखे। १७९२ में यह फ्रांस का नौसेना मन्त्री हो गया, किन्तु उक्त पद पर यह १७९३ तक ही रह पाया। इसने दो शिक्षा संस्थाओं के स्थापन में बड़ी सहायता की और बारी बारी से दोनों में वर्णनात्मक ज्यामिति का प्राध्यापक रहा। नॅपोलियन के पतन के पश्चात् इसके समस्त पद और सम्मान छीन लिये गये और इसकी प्रतिष्ठा समाप्त

हो गयी। इसकी अवकल समीकरणों के साधन की विधियों को आज भी पाठ्य पुस्तकों में स्थान प्राप्त है । इसकी सबसे प्रसिद्ध पुस्तक वर्णनात्मक ज्यामिति पर है। उक्त

मॉंजे (१७४६-१८१८)

[डोवर पब्लिकेशंस, इन्कॉर्पोरेटेड, न्यूयॉर्क--१०, की अनुज्ञा से, डी० स्ट्रूइक कृत 'ए कॉन्साइज हिस्ट्री ऑफ़ मॅथॅमॅटिक्स' (१.७५ डॉलर) से प्रत्युत्पादित।]

ज्यामिति सम्बन्धी इसके सिद्धान्त फ्रेज़ियर (Frezier) ने १७३८ में ही आविष्कृत कर लिये थे, किन्तु मॉंजे ने उनका आविष्कार स्वतन्त्र रूप से किया था।

लॅज़ेर-निकोलस-मार्ग्यूराइट कार्नो (Lazare - Nicolas - Marguerite Carnot) (१७५३–१८२३) एक फ्रांसीसी गणितज्ञ था। इसकी शिक्षा दीक्षा

सेना के लिए हुई थी, अतः इसका गणितीय कार्य बहुत देर से आरम्भ हुआ। सेना में तो यह बहुत ऊँचे ऊँचे पदों पर पहुँच गया, किन्तु जीवन के अन्तिम दिनों में नॅपोलियन ने इसे देश निकाला दे दिया।

कार्नो की विशेष रुचि सांश्लेषिक ज्यामिति में थी। इस पर मॉंजे की कृतियों का विशेष प्रभाव पड़ा था। मॉंजे ने **त्रैविम आकाश** (Three-dimensional space) का अध्ययन किया था। कार्नो ने इस विषय का विवेचन किया कि कोई तिर्यक् रेखा किसी आकृति को किस अनुपात में बाँटती है। कार्नो के सबसे प्रसिद्ध आविष्कार पूर्ण चतुर्भुज, पूर्ण चतुष्कोण (Quadrangle) और ऋण परिमाणों सम्बन्धी हैं। आज भी विद्यार्थी शांकवों और त्रिभुजों के कटान बिन्दुओं पर कार्नो के प्रमेय का अध्ययन करते हैं।

चार्ल्स-जूलियन ब्रियांकन (Charles Julien Brianchon) का जीवन काल १७८३-१८६४ था। फ़्रांस के प्रतिभाशाली गणितज्ञों में इसका भी उच्च स्थान है। यों यह भी एक सेनाधिकारी था, किन्तु इसका झुकाव ज्यामिति की ओर था। पास्कल ने शांकव के अन्तर्लिखित षड्भुज पर एक प्रमेय दिया था। ब्रियांकन ने २३ वर्ष की अल्पावस्था में परिगत षड्भुज सम्बन्धी तत्स्थानी प्रमेय दे दिया जो आज तक उसके नाम से विख्यात है। ध्रुव और ध्रुवी (Pole and Polar) का भाव सबसे पहले ब्रियांकन ने ही दिया था, किन्तु उसका विकास बाद में पॉन्स्ले (Poncelet) ने १८२९ में किया।

जीन-विक्टर पॉन्स्ले (Jean-Victor Poncelet) (१७८८–१८६७) एक फ़ांसीसी इंजीनियर था। इसने पेरिस और मॅट्ज़ (Metz) में शिक्षा पायी और एक सेनाधिकारी हो गया। रूसी युद्ध में यह बन्दी हो गया। १८१४ में यह फ्रांस लौटा। १८१५ से १८२५ तक यह सैनिक इंजीनियर रहा और १८२५ से १८३५ तक मॅट्ज़ में यान्त्रिकी का प्राध्यापक। तत्पश्चात् जीवन के अन्तिम दिनों तक यह पेरिस में भिन्न भिन्न विद्योचित पदों पर नियुक्त रहा।

जिस **विक्षेप ज्यामिति** (Projective Geometry) को मॉंजे ने जन्म दिया, पॉंस्ले ने उसका पोषण किया। पॉंस्ले ने ही पहले पहल उक्त विषय को अपने एक ग्रन्थ (१८२२) में एक स्वतन्त्र स्थान दिया। पॉंस्ले के दो आविष्कार जगत्-प्रसिद्ध हैं—

(१) द्वैधता सिद्धान्त (Principle of Duality)

(२) आनन्तिक वर्तुल बिन्दु (Circular Points at Infinity)

माइकेल चेज़िल्स (Michael Chasles) (१७९३–१८८०) पेरिस में शिक्षा पाकर पहले एक व्यापारी बना, किन्तु बाद में व्यापार छोड़कर गणित के अध्ययन में लग गया। यह पहले एक कॉलिज में भूमिति (Geodesy) और यान्त्रिकी का अध्यापक नियुक्त हुआ और कुछ समय पश्चात् पेरिस विश्वविद्यालयमें उच्च ज्यामिति का प्राध्यापक। इसने दो पुस्तकें शांकवों और उच्च ज्यामितिपर लिखीं और अनेक अभिपत्र प्रकाशित किये। इसने और स्टेनर (Stenier) ने अपने अपने ढंग से विक्षेप ज्यामिति का विकास किया, किन्तु उन दिनों आदान प्रदान के साधन इतने हीन थे कि एक को दूसरे की कृतियों का पता नहीं चल पाता था। मॅक्लॉरिन ने १७१० में यह सिद्धान्त प्रतिपादित किया था कि यदि एक त्रिभुज की भुजाएँ क्रमशः तीन स्थिर बिन्तुओं में से होकर जाती हों और दो शीर्ष दो स्थिर रेखाओं पर स्थित हों तो तीसरा शीर्ष एक शांकव का सर्जन करेगा। चेज़िल्स ने इस साध्य का विकास किया।

कार्ल फ्रैंडरिक गाउस (Karl Friedrich Gauss) जर्मनी का एक महान् गणितज्ञ हुआ है जिसका जीवन काल १७७७–१८५५ था। एक यह राज (मज़दूर) का पुत्र था और तत्कालीन राजा की कृपा से ही शिक्षा प्राप्त कर सका। जीवन के आरम्भ में यह निजी रूप से शिक्षा देकर निर्वाह करता रहा। १८०७ में जब गटिंगन (Göttingen) में एक वेधशाला की स्थापना हुई, यह उसका निदेशक और ज्यौतिष का प्राध्यापक नियुक्त हुआ।

जब गाउस विश्वविद्यालय का छात्र था तभी **'न्यूनतम वर्गों के सिद्धांत'** (Theory of Least Squares) का भाव इसके मन में अंकुरित हुआ। और उन्हीं दिनों इसने यह प्रमेय सिद्ध किया कि 'किसी वृत्त को यूक्लिड की विधि से १७ बराबर भागों में बाँटा जा सकता है।' १८०१ में संख्या सिद्धान्त पर इसका प्रसिद्ध ग्रन्थ प्रकाशित हुआ। इसके पश्चात् इसने शुद्ध गणित पर अनेक अभिपत्र लिखे। इसके अतिरिक्त इसी ने सर्वप्रथम अ-यूक्लिडी ज्यामिति को जन्म दिया।

गाउस की प्रतिभा बहुमुखी थी। इसने सारणिकों और कापल्पनिक राशियों का विस्तृत उपयोग किया, द्विपद समीकरणों (Binomial Equations) के हल निकाले, अनन्त श्रेणियों के अभिसरण (Convergence) के लिए परुष परीक्षणों का आविष्कार किया और दीर्घवृत्तीय **फलनों की द्विकावर्तता** (Double Periodicity) सिद्ध की। इन विषयों पर इसका गवेषणा कार्य इतना मौलिक और महत्त्वपूर्ण रहा है कि लॅप्लास (Laplace) और लॅग्रांज के साथ इसे आधुनिक गणितीय

विश्लेषण के तीन महान् विद्वानों में गिना जाता है। इसके अतिरिक्त इसने ज्यौतिष, चम्बकत्व, विद्युत् और भूमिति पर भी बहुत महत्त्वपूर्ण अनुसन्धान किये हैं।

गाउस (१७७७–१८५५)

[डोवर पब्लिकेशंस इन्कॉर्पोरेटेड, न्यूयॉर्क—१०, की, अनुज्ञा से, डी० स्ट्रूइक कृत 'ए कॉन्साइज़ हिस्ट्री ऑफ़ मॅथॆमॅटिक्स' (१.७५ डॉलर) से प्रत्युत्पादित।]

ऑगस्ट फ़र्डिनॉण्ड मोबियस (Angust Ferdinand Möbius) (१७९०–१८६८) एक जर्मन ज्यौतिषी और गणितज्ञ था। इसने लाइप्ज़िग (Leipzig),

गटिंगन और हाल (Halle) में शिक्षा पायी। १८१५ में लाइप्ज़िग में एक वेधशाला का निर्माण हुआ और यह उसका निदेशक नियुक्त हुआ। इसका मुख्य कार्य तो ज्यौतिष पर था, किन्तु इसने आधुनिक ज्यामिति पर भी अनेक अभिपत्र लिखे हैं। इसने **द्रव्यमान केन्द्र** (Centre of Mass) के भाव का सार्वीकरण करके एक नये विषय **भारकेन्द्री कलन** (Barycentric Calculus) की नीव डाली। मोबियस बन्ध (Mobius Band) जिसमें एक ही तल होता है, इसी के मस्तिष्क की उपज था। उक्त बन्ध का आधुनिक **स्थानिकी** (Topology) में बहुत प्रयोग होता है।

कार्ल जॉर्ज क्रिश्चियन फ़ॉन स्टॉट (Karl Georg Christian von Staudt) (१७९८–१८६७) का नाम भी उल्लेखनीय है। इस ने २४ वर्ष की अवस्था में ही अध्यापन कार्य आरम्भ कर दिया था। १८३५ में यह अर्लेंगन (Frlangen) विश्वविद्यालय में प्राध्यापक हो गया। इसका प्रमुख कार्य ज्यामिति में ही रहा है। इसके समय तक चार बिन्दुओं अथवा रेखाओं के तिर्यक् अनुपात (Cross Rat o) की कोई सन्तोषजनक परिभाषा नहीं दी गयी थी। सब से पहले यह कार्य इसीने किया। इसके अतिरिक्त इसने यह भी बताया कि ज्यामिति में काल्पनिक तत्त्वों का **दीर्घवृत्तीय समुत्क्रमणों** (Ellipt:c Involut:ons) द्वारा किस प्रकार प्रवेश हो सकता है।

जूलियस प्लकर (Juluis Plücker) (१८०१–१८६८) जर्मन गणितज्ञ और भौतिकीज्ञ था। जर्मनी में शिक्षा समाप्त करके यह १८२३ में पेरिस चला गया। १८२८ में यह बॉन (Bonn) में विशेष प्राध्यापक नियक्त हो गया। यह क्रमशः बर्लिन, हाल (Halle) और बॉन में प्राध्यापक रहा। १८२८ में इसका ज्यामिति पर एक ग्रन्थ निकला जिसमें इसने संक्षिप्त संकेतलिपि का प्रयोग किया जो वैश्लेषिक ज्यामिति में आजतक प्रयुक्त हो रही है। तत्पश्चात् इसने ज्यामिति पर अन्य कई ग्रन्थ लिखे जिनमें इसने द्वैधता सिद्धान्त प्रतिपादित किया और बीजगणितीय वक्रों (Curves) सम्बन्धी ६ समीकरणों का आविष्कार किया। उक्त समीकरण **'प्लकर समीकरण'** कहलाते हैं। इसके अतिरिक्त इसने निर्देशांकों के भाव का विस्तार किया, रेखीकरण (Collineation) और **व्युत्क्रमता** (Reciprocity) **के सिद्धान्तों** का प्रतिपादन किया और त्रिक्रम वक्रों (Curves of the third order) का वर्गीकरण किया। इसने इन वक्रों के २१९ प्रकार गिनाये हैं। इसके अन्य आविष्कार भौतिकीय विषयों पर हैं।

इटली का जियोवानी सीवा (Giovanni Ceva) (१६४७–१७३६) भी उल्लेखनीय हैं। इसने १६७८ में निम्नलिखित प्रमेय सिद्ध किया था—

यदि किसी त्रिभुज के शीर्षों का, खा, गा के मध्येन ऐसी तीन रेखाएँ खींची जायँ जो संगामी हों और सम्मुख भुजाओं को या, रा, ला पर काटें तो

का ला. खा या. गारा=ला खा. या गा. रा का ।

यह प्रमेय **'सीवा प्रमेय'** कहलाता है।

उपरिलिखित गणितज्ञ का एक भाई टोमॅसो सीवा (Tommaso Ceva) (१६४८–१७३७) था। इसने भी ज्यामिति और भौतिकी पर बहुत से अभिपत्र लिखे हैं। इतिहासज्ञों में इस बात पर मतभेद है कि उपरिलिखित प्रमेय जियोवानी का था अथवा टोमॅसो का ।

लगे हाथों इटली के ही लुईजी गाइडो ग्रॅण्डाइ (Luigi Guido Grandi) का भी उल्लेख करते चलें जिसका जीवन काल १६७१–१७४२ था। यह पहले एक भिक्षु हुआ, फिर पिसा में दर्शन का प्राध्यापक और अन्त में पिसा में ही गणित का प्राध्यापक नियुक्त हुआ। इस ने ज्यामिति पर कई ग्रन्थ लिखे हैं। अपनी पुस्तकों में इसने वृत्त और आयताकार अतिपरवलय (Rectangular Hyperbola) की तुलना की है, पुष्प की आकृति के वक्रों का अध्ययन किया है, जैसे—

त्र=ज्या सक्ष (r=sin nθ)

और गोलों के तलों का क्षेत्रकलन किया है। इसने एक स्थान पर यह सूत्र दिया है—

$$\frac{१}{२}=१-१+१-१+१-१+-\ldots\ldots$$
$$=(१-१)+(१-१)+(१-१)+\ldots\ldots\ldots$$
$$=0+0+0+\ldots\ldots\ldots$$

इस सूत्र को इसने इस तथ्य का प्रतीक माना है कि सृष्टि की उपज शून्य से हुई है। इसने एक पिता की कल्पना की है जो एक मोती अपने दो पुत्रों को इस शर्त पर देता है कि दोनों उसे बारी बारी से अपने पास रखें। इस प्रकार, यह कहता है कि मोती आधा आधा दोनों पुत्रों का हुआ।

बिना मेरिया गेताना अग्नेसी (Maria Gaetana Agnesi) का नाम लिये इटली के गणितज्ञों की कहानी अधूरी दिखाई पड़ती है। इसका जीवन काल १७१८–१७९९ था। यह आरम्भ से ही एक होनहार लड़की थी। इसके पिता जी गणित के प्राध्यापक थे। इसके परिवार की इच्छा थी कि यह धार्मिक क्षेत्र में पदार्पण करे किन्तु २० वर्ष की अवस्था से ही इसने अपना जीवन गणित की सेवा में समर्पित कर दिया। १७५२ में जब इसके पिता रोगग्रस्त हो गये,उन की गद्दी पर इसे आसीन कर दिया गया किन्तु उनकी मृत्यु के पश्चात् इस ने गणित का क्षेत्र छोड़कर चिकित्सालय

की सेवा में अपना जीवन लगा दिया। इसका प्रमुख कार्य वैश्लेषिक ज्यामिति पर हुआ है। एक वक्र का इसने विशेष रूप से अध्ययन किया था जो आज भी इसके नाम पर 'अग्नेसिका' (Witch of Agnesi) कहलाती है।

इस स्थान पर जियोवानी फ्रॅन्सॅस्को ज्यूसॅप मल्फ़ाती (Giovanni Francesco Giuseppe Malfatti) का नाम देना भी अनुपयुक्त न होगा जिसका स्थिति काल १७३१–१८०७ था। इसने रिकॅटी (Ricatti) के संरक्षण में शिक्षा पायी। १७७१ में यह फ़रारा (Ferrara) में गणित का प्राध्यापक हो गया। १८०३ में इसने निम्नलिखित प्रश्न उपस्थित किया—एक लाम्बिक त्रिभुजीय संक्षेत्र (Right triangular Prism) में से तीन बेलन ऐसे काटो जिनके उच्चत्व संक्षेत्र के उच्चत्व के समान हों, और जिनके आयतन अधिकतम हों। मल्फ़ाती ने दर्शाया कि यह समस्या इस प्रश्न पर आश्रित है—किसी त्रिभुज के अन्तर्गत तीन वृत्त इस प्रकार खींचना कि प्रत्येक वृत्त शेष दोनों वृत्तों और त्रिभुज की दो भुजाओं को छुएं। इसी प्रश्न को आजकल 'मल्फ़ाती प्रश्न' कहा जाता है। स्टेनर और प्लकर ने भी उक्त प्रश्न पर परिश्रम किया है।

लॉरॅन्ज़ो मॅशॅरॉनी (Lorenzo Mascheroni) (१७५०–१८००) पविया (Pavia) के विश्वविद्यालय में गणित का प्राध्यापक था। यों इसकी रुचि भौतिकी और कलन में भी थी किन्तु इसका प्रमुख कार्य ज्यामिति में हुआ है। १७९७ में इसने अपनी ज्यामितीय रचनाओं का संग्रह प्रकाशित किया। उक्त ग्रन्थ में इसने केवल परकार की सहायता से अनेक रचनाएँ करने की विधियाँ बतायी थीं। इनमें की बहुत सी विधियों में उच्च कोटि की मौलिकता दृष्टिगोचर होती है।

लुईजी क्रॅमोना (Luigi Cremona) (१८३०–१९०३) का जन्म पविया में हुआ था। वहीं के विश्वविद्यालय में शिक्षा पाकर यह पहले क्रॅमोना और फिर मिलन में प्रारम्भिक गणित का अध्यापक हो गया। तत्पश्चात् यह क्रमशः बोलोना और मिलन में उच्च ज्यामिति का प्राध्यापक नियुक्त हुआ। १८७३ में यह रोम में उच्च गणित का प्राध्यापक हो गया और वहाँ इसने एक इंजीनियरी कॉलिज संघटित किया। इसने अपना सारा जीवन उच्च गणित की शिक्षा के सुधार में लगा दिया। इसने यूरोप की गणितीय पत्रिकाओं में अनेक अभिपत्र प्रकाशित किये। इसका सब से प्रसिद्ध कार्य वक्रों और घन पृष्ठों (Cubic Surfaces) पर हुआ है।

यूजीनियो बॅल्ट्रॅमी (Eugenio Beltrami) (१८३५–१९००) का जन्म क्रॅमोना में हुआ था। इसने पविया में ब्रियॉस्की (Brioschi) से शिक्षा पायी।

१८६२ तक इसने इटली के रेलवे विभाग में नौकरी की। तत्पश्चात् इसने अध्यापन कार्य आरम्भ किया और यह थोड़े थोड़े वर्ष क्रमशः बोलोना, पिसा, रोम और पविया में प्राध्यापक रहा। इसके अन्तिम दिन रोम में ही बीते। इसका विशेष कार्य अ-यूक्लिडी ज्यामिति पर हुआ है जिसमें इसने रीमान (Riemann) और लोबाच्यूस्की (Lobatchewsky) की प्रणाली को अपनाया है। यों तो इसने बहुत से अभिपत्र भौतिक विषयों पर भी लिखे हैं किन्तु इसकी प्रसिद्धि इसकी **अति-परवलीय आकाश** (Hyperbolic Space) सम्बन्धी कृति पर हुई है जो इसने १८६८ में प्रकाशित की।

जेकब स्टेनर (Jakob Steiner) (१७९६–१८६३) स्विट्ज़रलैण्ड का एक गणितज्ञ था। १८ वर्ष की अवस्था में यह हैनरिच पैस्टेलोज़ी (Henirich Pestalozzi) का शिष्य हो गया। कुछ दिनों इसने हाइडैलबर्ग (Heidelberg) में शिक्षा पायी और तत्पश्चात् यह बर्लिन (Berlin) चला गया। १८३४ में बर्लिन विश्वविद्यालय में इसी के लिए ज्यामिति की एक नयी गद्दी स्थापित की गयी। मृत्यु तक यह उसी पर नियुक्त रहा।

जब से स्टेनर ज्यामिति की उक्त गद्दी पर बैठा, उसने ज्यामिति पर गवेषणा पत्र लिखने आरम्भ कर दिये। इसके अभिपत्र अधिकतर क्रेले जर्नल (Crelle Journal) में प्रकाशित होते थे। इसने ज्यामिति पर उच्च कोटि के कई ग्रन्थ लिखे हैं। बिन्दु माला (Range of Points) और रेखावली (Pencil of Lines) के भाव इसी ने दिये और उनमें एकैकी-संगति (One-one correspondence) स्थापित की। इसने विक्षेप ज्यामिति के सिद्धान्तों के प्रतिपादन में विश्लेषण से अन्तः-स्फूर्ति (Intuition) को अधिक महत्त्व दिया। इसके अतिरिक्त इसने वक्रों और द्विघात पृष्ठों के सिद्धान्त का विकास किया।

जहाँ कहीं अ-यूक्लिडी ज्यामिति का उल्लेख आयेगा, जॉन बोलियै (John Bolyai) का नाम लेना ही होगा। इसके पिता फ़ार्कस बोलियै (Farkas Bolyai) (१७७५–१८५६) हंगरी के एक नगर में गणित के शिक्षक थे। इन्होंने गटिंगन में उस समय शिक्षा पायी थी जब गाउस भी वहीं पर विद्यार्थी था। दोनों में कभी कभी पत्राचार भी हुआ करता था। फ़ार्कस ने यूक्लिड का 'समान्तरता अवाध्योपक्रम' (Parallel Postulate) सिद्ध करने का बहुत दिनों प्रयत्न किया और फिर भी कृतकार्य न हुये। इन्होंने गाउस को दो पत्र लिखे जिनमें ज्यामिति की एक

पुस्तक की रूपरेखा बनायी थी। उक्त पुस्तक में इन्होंने "तुल्य रूपों के स्थायित्व" (Permanence of Equivalent Forms) के सिद्धान्त का प्रतिपादन किया था।

स्टेनर (१७९६–१८६३)

[डोवर पब्लिकेशंस, इन्कॉर्पोरेटेड, न्यूयॉर्क–१०, की अनुज्ञा से, डी० स्ट्रुइक कृत 'ए कॉन्साइज़ हिस्ट्री ऑफ़ मॅथमॅटिक्स' (१.७५ डॉलर) से प्रत्युत्पादित।]

जॉन बोलिये का जीवन काल १८०२–१८६० था। लड़कपन में ही इसे भी यूक्लिड के उपरिलिखित अवाध्योपक्रम पर माथा पच्ची करने का ख़ब्त सवार हुआ। १८२० में इसके पिता ने इसे एक पत्र लिखा जिसका आशय यह था—

"तुम इस व्यसन से दूर ही रही तो अच्छा है। यह तुम्हें चैन से बैठने नहीं देगा और खाना, पीना हराम कर देगा। तुम्हारा जीवन दूभर हो जायगा।"

जॉन ने उक्त अवाध्योपक्रम को एक स्वतन्त्र स्वयंसिद्धि मान लिया और यह उक्ति दी कि यदि हम उक्त स्वयंसिद्धि के स्थान पर एक नयी स्वयंसिद्धि मानें कि "किसी समतल के किसी बिन्दु के मध्येन ऐसी अनन्त रेखाएँ खींची जा सकती हैं जो एक दी हुई रेखा को न काटें" तो एक नयी ज्यामिति तैयार हो सकती है। जॉन ने अपने पिता की अप्रकाशित पुस्तक का मुद्रण कराया और उसके परिशिष्ट में अपने विचारों का प्रतिपादन किया। उक्त परिशिष्ट में बोलिये ने इसका भी निर्देश किया है कि अतिपरवलीय आकाश में वृत्त के वर्गण (Quadrature of the circle) की रचना किस प्रकार की होगी।

जहाँ तक अ-यूक्लिडी ज्यामिति का सम्बन्ध है, जॉन बोलिये को अधिक श्रेय दिया जाय या लोबाच्यूस्की को, यह कहना कठिन है।

निकोलाइ आइवानोविच लोबाच्यूस्की (Nikolai Ivanovich Lobatchew-ski) (१७९३–१८५६) एक रूसी गणितज्ञ था। इसने काज़ाँ (Kazan) विश्वविद्यालय में शिक्षा प्राप्त की और १८१२ में वहीं पर अध्यापक हो गया। १८२३ में यह प्राध्यापक हो गया और १८४६ में उसी स्थान पर रहा। लोबाच्यस्की उन गणितज्ञों में अग्रणी रहा है जिन्होंने यूक्लिडी आकाश के विरुद्ध खुला विद्रोह है। इसने अपने उक्त विचार सर्वप्रथम काज़ाँ में एक व्याख्यान (१८२६) में व्यक्त किये थे। इसने समान्तरता अवाध्योपक्रम के स्थान पर यह सिद्धान्त प्रतिपादित किया था—

"मान लीजिए कि किसी समतल में एक ऋजु रेखा और एक बिन्दु दिये हुए हैं। तो समतल में उक्त बिन्दु के मध्येन जितनी रेखाएं खींची जा सकती हैं, उन्हें हम दी हुई ऋजु रेखा के विचार से दो वर्गों में बाँट सकते हैं—छेदक (Intersecting) और अछेदक (Non-intersecting)। दोनों वर्गों की सीमा रेखाएँ उक्त ऋजु रेखा के समान्तर होंगी। इस प्रकार किसी बिन्दु से, किसी रेखा के समान्तर, एक नहीं दो ऋजु रेखाएँ खींची जा सकती हैं जो उससे अनन्त पर मिलती हैं। अतः प्रत्येक ऋजु रेखा के दो बिन्दु अनन्त पर होते हैं।"

बोलिये और लोबाच्यूस्की दोनों का विचार था कि यूक्लिडी ज्यामिति उनकी सार्विक ज्यामिति की ही एक सीमा स्थिति है। दोनों यह भी कहते हैं कि किसी भी छोटे से स्थान की ज्यामिति सदैव यूक्लिडी होती है और हमारी आँखें वास्तविकता तक नहीं पहुँच सकतीं, केवल उसकी एक झलक दे देती हैं। दोनों ने अपने गवेषणा-फल एक दूसरे से स्वतन्त्र रूप से निकाले। लोबाच्यूस्की ने अपने सिद्धान्तों को पहले

(१८२९ में) प्रकाशित किया किन्तु इससे बोलिये के कार्य की महत्ता घटती नहीं। उसका कार्य भी स्वतन्त्र और मौलिक था यद्यपि उन्हें प्रकाशित करने में वह लोबा-

लोबाच्यूस्की (१७९३–१८५६)

[डोवर पब्लिकेशंस, इन्कॉर्पोरेटेड, न्यूयॉर्क—१०, की अनुज्ञा से, डी० स्ट्रुइक कृत 'ए कॉन्साइज हिस्ट्री आफ़ मैथेमैटिक्स' (१·७५ डॉलर) से प्रत्युत्पादित ।]

च्यूस्की से तीन वर्ष पीछे रहा। इसमें सन्देह नहीं कि अ-यूक्लिडी ज्यामिति में दोनों का स्थान बहुत ही उच्च है।

त्रिकोणमिति

(१) धूप घड़ी

आधुनिक गणित में त्रिकोणमिति का मुख्य कर्म है त्रिभुजों की भुजाएँ और कोण नापना और उनके पारस्परिक सम्बन्ध उपलब्ध करना । किन्तु पूर्व ऐतिहासिक

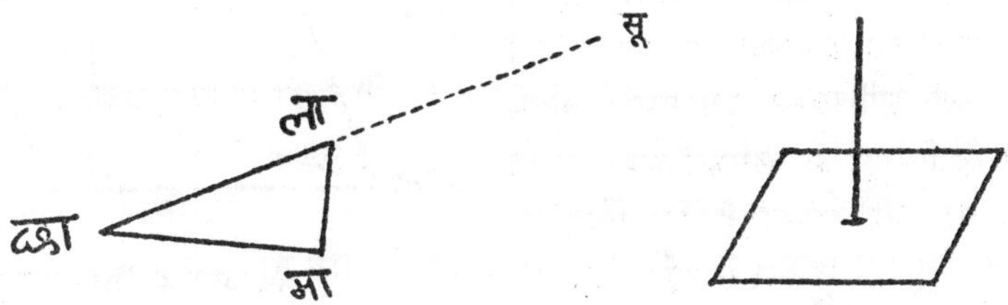

काल में त्रिकोणमिति केवल ज्यौतिष की एक सहचरी के रूप में उत्पन्न हुई थी । भारत में भी इसका आरम्भ इसी प्रकार हुआ था । प्राचीन समय में घड़ियों का तो आविष्कार हुआ नहीं था । किन्तु समय जानने की सबको आवश्यकता पड़ती थी । इसके लिए एक धूप घड़ी (Sun-dial) बनायी जाती थी । सर्व प्रथम तो उक्त उपकरण में केवल एक लम्बमान शलाका होती थी जो एक समतल पर खड़ी होती थी । उक्त शलाका को उन्नतांश, दण्ड अथवा कीली (Gnomon) कहते थे । समय जानने के लिए देखते थे कि उक्त कीली की छाया किस दिशा में पड़ रही है । और इस प्रकार वे लोग समय का अनुमान लगा लिया करते थे ।

आकृति में ला मा कीली है और छा मा उसकी छाया । ला मा की लम्बाई तो स्थिर है, छा मा की लम्बाई सूर्य की स्थिति के साथ घटती-बढ़ती रहती है । अतः

स्पष्ट है कि छा मा की लम्बाई ∠ छा के मान पर निर्भर है। या यों कहिए कि अनुपात छा मा : मा ला पर निर्भर है। आधुनिक शब्दावली में इस अनुपात को हम कोस्पज्या छा अथवा कोस्प (cotangent) छा कहते हैं। इस बात का कोई प्रमाण नहीं है कि इस अनुपात का नाम अथवा भाव हमारे पुरखों के मस्तिष्क में विद्यमान था।

धूप घड़ी का प्रयोग केवल भारत में ही नहीं हुआ था। प्रायः समस्त प्राचीन देश इसका प्रयोग करते थे। मिस्र के अहमिस पॅपिरस का उल्लेख हम एक पिछले अध्याय में कर चुके हैं। उक्त ग्रन्थ में सूचीस्तम्भों पर पाँच प्रश्न दिये हुए हैं। इन प्रश्नों में से चार में 'सैंक्त' शब्द का प्रयोग किया गया है। आकृति में हमने एक सम सूचीस्तम्भ बनाया है। विद्वानों का अनुमान है कि सैंक्त से लेखक का तात्पर्य अनुपात पामा : माला से है जिसे आधुनिक शब्दावली में हम लोग कोस्प मापाला कहेंगे। हम अंकगणित के अध्याय में बता चुके हैं कि उक्त सूचीस्तम्भ इस प्रकार बनाये जाते थे कि ∠ पा लगभग अचर रहता था। यह भी सम्भव है कि 'सैंक्त' का सम्बन्ध ∠ मा का ला से रहा हो। इस प्रकार यह सिद्ध हो गया कि अहमिस पॅपिरस के समय (लगभग १५५० ई० पू०) में ही मिस्र में धूप घड़ी का प्रयोग आरम्भ हो चुका था।

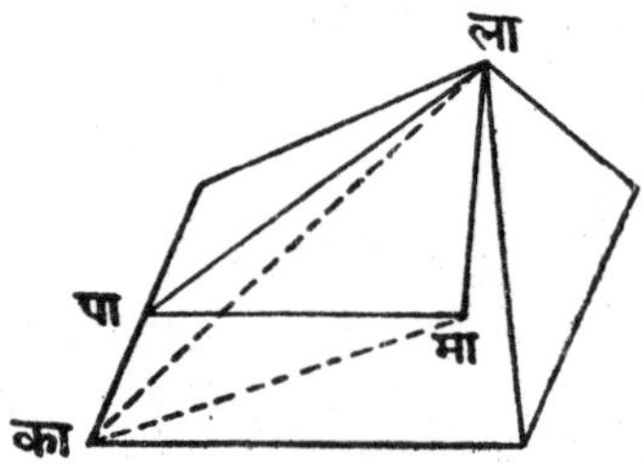

धूप घड़ी के लिए समसूचीस्तम्भ

मिस्र की सबसे प्राचीन धूप घड़ी इस आकार ___| की है जो बर्लिन के संग्रहालय में सुरक्षित है। यह १५५० ई० पू० के आसपास की है। इसकी क्षैतिज भुजा ६ भागों में बाँटी गयी है जिस पर घंटे अंकित हैं। सबेरे से दोपहर तक इसकी पीठ पूर्व की ओर रहती थी, तीसरे पहर पश्चिम की ओर कर दी जाती थी।

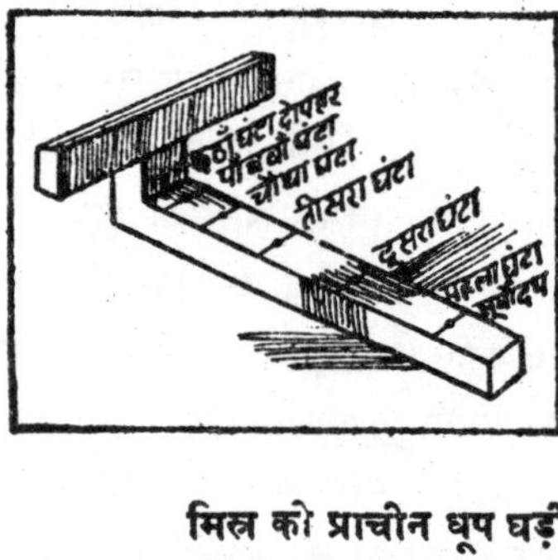

मिस्र की प्राचीन धूप घड़ी
(इन्साइक्लोपीडिया ब्रिटॅनिका से)

हम एक पिछले परिच्छेद में चीन के चउ-पेइ का उल्लेख कर चुके हैं जिसका समय लगभग ११०० ई० पू० है। उक्त ग्रन्थ में कई स्थानों पर समकोण त्रिभुज का प्रयोग किया गया है। उक्त त्रिभुज की सहायता से ऊँचाइयाँ और दूरियाँ निकाली जाती थीं। अतः यह सम्भव है कि त्रिभुजों की भुजाओं के अनुपात का भी उन लोगों को कुछ ज्ञान रहा हो। उक्त पुस्तक में एक स्थान पर लिखा भी है कि "ज्ञान छाया से आता है और छाया कीली द्वारा उत्पन्न होती है।" इससे पता चलता है कि सम्भवतः चीनियों के पास भी उस ज़माने में कोई धूप घड़ी थी।

भारत में धूप घड़ी का आविष्कार कब हुआ यह कहना कठिन है। शुल्व सूत्रों में कई स्थानों पर कीली का उल्लेख मिलता है। अतः यह मानना पड़ेगा कि ईसा से कई हज़ार वर्ष पहले ही हिन्दुओं ने किसी-न-किसी प्रकार की धूप घड़ी बना ली थी। भारत का प्राचीनतम ज्योतिषीय ग्रन्थ सूर्य सिद्धान्त माना जाता है। पश्चिमी विद्वान् तो इसका रचना काल ईसा के पश्चात् का मानते हैं। उक्त ग्रन्थ में अर्ध-जीवाओं (Half-chords) की सारणी दी गयी है जिससे पता चलता है कि उस समय तक भारतीयों को त्रिकोणमितीय सम्बन्धों का थोड़ा बहुत ज्ञान हो चुका था। धूप घड़ी का समय उससे कुछ पहले का ही रहा होगा। इस प्रकार भी यह सिद्ध होता है कि भारत में धूप घड़ी का प्रयोग ईसा से पहले ही आरम्भ हो चुका था।

बाबुल (बब्लिन) का एक भाग चॅल्डिया (Chaldea=खल्दी) कहलाता था। उक्त प्रदेश का एक ज्यौतिषी बिरोसस (Berosus) था जिसका जीवन काल लगभग ३०० ई० पू० था। इसने एक धूप घड़ी बनायी थी जिसमें एक अर्धगोले के केन्द्र पर एक कीला खड़ा किया गया था। सूर्य की किरणें पड़ने से कीले की छाया अर्धगोले के अन्दर पड़ती थीं। अर्धगोले का ऊपरी किनारा क्षैतिज रखा जाता था। कीले की छाया दिन भर में एक वृत्तीय चाप बना लेती थी। उक्त चाप को बारह भागों में बाँटा गया था। इस प्रकार चॅल्डिया निवासियों को समय का ज्ञान होता था।

हॅरोडोटस (Herodotus) ने लिखा है कि यूनानियों ने धूप घड़ी का ज्ञान बाबुल के निवासियों से प्राप्त किया था। यह सम्भव है किन्तु कुछ समय पश्चात् यूनानियों ने स्वयं बहुत मौलिक और जटिल धूप घड़ियाँ बनानी आरम्भ कर दीं। टोलेमी ने अपने अल्माजस्त में कई प्रकार की धूप घड़ियों की रचना-विधि दी है। उसमें केवल क्षैतिज और ऊर्ध्व (Vertical) घड़ियों का ही उल्लेख है। किन्तु ऍथॅन्स (Athens) में एक स्मारक 'वायु मीनार' (Tower of the winds) है जिसमें अष्टभुज (Octagon) की आकृति की एक धूप घड़ी बनी हुई है। अष्टभुज के आठ फलकों पर आठ घट्यनीक (Dial) बने हुए हैं, चार प्रमुख दिशाओं की ओर

और शेष चार मध्यवर्ती दिशाओं की ओर। इससे पता चलता है कि ये लोग तिरछी घड़ियाँ बनाना भी जानते थे।

रोम में सबसे पहली धूप घड़ी २९० ई० पू० में प्रस्थापित हुई थी किन्तु यह कदाचित् विदेश से आयी थी। वास्तव में रोम में पहली धूप घड़ी १६४ ई० पू० में बनी थी। विट्रूवियस (Vitruvius) ने १३ प्रकार की घड़ियों का वर्णन किया है। इनमें सबसे रोचक 'हॅम' (Ham) घड़ी थी जो सुवाह्य (Portable) होती थी। संलग्न आकृति की घड़ी में नीचे की ओर महीने दिये हुए हैं। बायीं ओर की उँगली को घुमाकर चालू महीने वाली ऊर्ध्व रेखा पर ले आते हैं। घण्टे वाली टेढ़ी लकीरों पर छाया पड़ती है उसी से समय का पता चलता है।

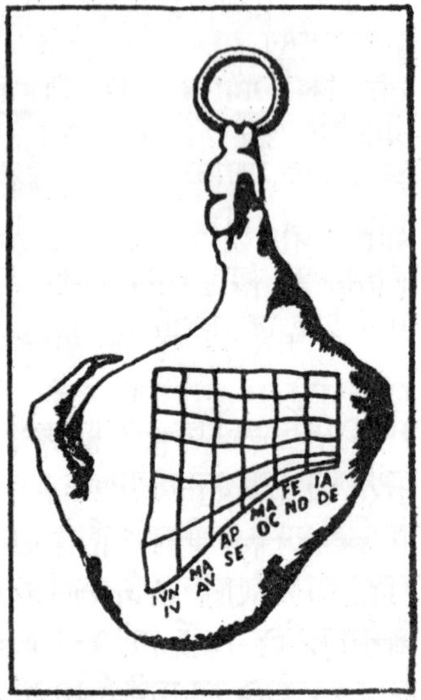

हॅम घड़ी लगभग ५९ ई० की।
(इन्साइक्लोपीडिया ब्रिटॅनिका से)

(१) त्रिकोणमितीय फलन

हम ऊपर लिख चुके हैं कि धूप घड़ी का आविष्कार सहस्रों वर्ष पहले कई देशों में हो चुका था। अतः उनमें से किसी एक देश को श्रेय देना कठिन है। किन्तु इसमें सन्देह नहीं कि त्रिकोणमितीय फलनों में से तीन की स्पष्ट रूप से परिभाषा सबसे पहले हिन्दुओं ने ही दी थी।

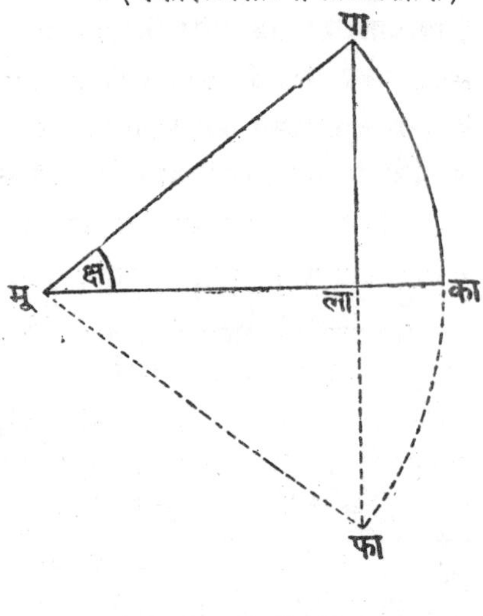

धप घड़ी के लिए त्रिकोणमितीय फलन।

मान लीजिए कि का पा एक वृत्त का चाप है जिसका केन्द्र मू और त्रिज्या त है।

पा से त्रिज्या मू का पर पाला लम्ब डालिए।

तो ज्या का पा=पा ला,

कोटिज्या का पा=मूला

और उत्क्रम-ज्या का पा=ला का।

यह त्रिकोणमितीय अनुपात ठीक वही नहीं हैं जो आजकल उक्त नामों से व्यक्त किये जाते हैं। एक मौलिक अन्तर यह है कि आधुनिक त्रिकोणमिति में अनुपातों का आधार कोण मू होता है जबकि उपरिलिखित परिभाषाओं का आधार चाप का पा है। आधुनिक संकेतलिपि में उपरिलिखित परिभाषाएँ इस प्रकार लिखी जायँगी—

ज्या तक्ष=पाला=त ज्या क्ष,

कोटिज्या तक्ष=मूला=त कोटिज्या क्ष,

उत्क्रम-ज्या तक्ष=ला का=त उत्क्रम-ज्या क्ष ।

किन्तु यदि हम वृत्त की त्रिज्या को इकाई मान लें तो इन परिभाषाओं और आधुनिक परिभाषाओं में कोई अन्तर नहीं रह जाता।

ज्या—'ज्या' का शाब्दिक अर्थ है 'धनुष की डोरी।' ऊपर दिये हुए चित्र में पा ला को ला फा तक इस प्रकार बढ़ाइए कि ला फा=पा ला। इसी प्रकार चाप पा का को भी फा तक बढ़ा दीजिये तो पा फा चाप पा का फा की जीवा हो गयी। यदि मू फा को भी जोड़ दें तो यह धनुष बाण की आकृति बन गयी। इसी लिए arc का नाम 'चाप' अथवा 'धनु' पड़ा क्योंकि चाप का अर्थ भी धनुष है। पा ला इस चाप की अर्ध-जीवा (Half-chord) हुई। यदि वृत्त की त्रिज्या १ हो तो यही अर्ध-जीवा ज्या क्ष (Sine ∠क्ष) का मान हो गयी। अतः उक्त अनुपात का सबसे प्राचीन नाम 'अर्ध-जीवा' ही है। समय के फेर से 'अर्ध' उड़ गया और 'जीवा' का 'ज्या' बन गया। कुछ प्राचीन पुस्तकों में इसका नाम 'अर्ध-ज्या' अथवा 'क्रम-ज्या' (Direct sine) भी आता है।

सबसे पहले 'ज्या' का प्रयोग आर्यभट्ट ने (लगभग ५१० ई०) किया था। भारत से यह शब्द अरब गया जहाँ 'जीबा' के रूप में प्रचलित हो गया। कुछ समय पश्चात् 'जीबा' का विकार 'जैब' में हो गया। अरबी में 'जैब' का अर्थ 'वक्ष' है। जब क्रैमोना के घैरार्डो ने (लगभग ११५०) अरबी की पुस्तकों का लॅटिन में अनुवाद किया तो 'जैब' के स्थान पर 'साइनस (Sinus)' का प्रयोग किया जिसका लॅटिन में एक अर्थ 'वक्ष' भी है।

ब्रह्मगुप्त ने ज्या के अर्थ में ही 'क्रमज्या' का प्रयोग किया है। इसका यह नाम इसलिए रखा कि 'उत्क्रम-ज्या' (Versed sine) से इसका अन्तर स्पष्ट दिखाई पड़े। अरबी में यही शब्द 'करज' के रूप में प्रचलित हो गया। अल ख़्वारिज़मी ने भी 'करज' का ही प्रयोग किया है। इस शब्द के कई विकृत रूप भी प्रचलित हो गये—करदग, करदज, करकय, गरगग। याक़ूब इब्न तारीक (लगभग ७७०) ने 'करदज' का प्रयोग किया है।

कोटिज्या—'कोटि' का एक अर्थ तो 'समकोण त्रिभुज की भुजा' है किन्तु दूसरा अर्थ 'धनुष का वक्र सिरा' भी है। इस प्रकार 'कोटिज्या' का अर्थ '९०° के चाप का समपूरक' पड़ गया। अतः त्रिकोणमिति में 'कोटिज्या' का अर्थ हुआ 'समपूरक चाप की ज्या'। अब संलग्न आकृति पर विचार कीजिए। पाका का समपूरक चाप पा के है। जब चाप पा का की ज्या पा ला है तो चाप पा के की ज्या ले पा अर्थात् मू ला हुई। इस प्रकार आधुनिक संकेतलिपि में ∠ क्ष की कोटिज्या मू ला हुई। इसका संक्षिप्त रूप कोज्या बन गया। पश्चिम में जब ज्या को साइन कहने लगे तो 'कोज्या' का नाम आप से आप कोसाइन (Cosine) हो गया। यतः आरम्भ में ज्या को साइनस कहते थे, अतः आरम्भ में कोज्या का नाम कोसाइनस (Cosinus) पड़ा। जब साइनस का संक्षेपण 'साइन' में हो गया तब कोसाइनस का कोसाइन बन गया।

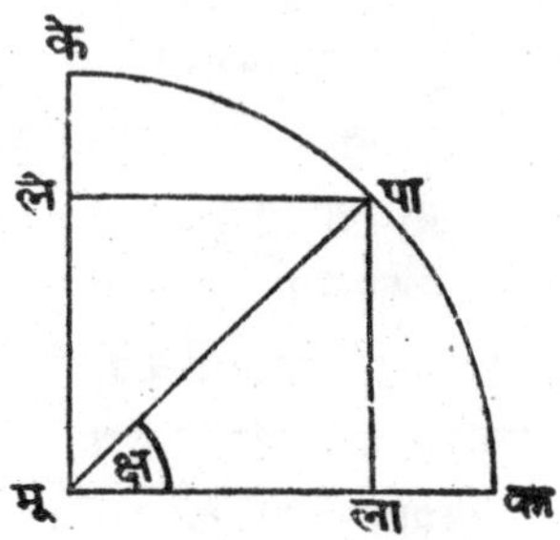

त्रिकोणमितीय कोटिज्या

उत्क्रम-ज्या—'उत्क्रम' का अर्थ है 'उल्टा'। जब 'ज्या' का पश्चिमी नाम 'साइन पड़ा तो 'उत्क्रम-ज्या' का नाम 'Versed sine' पड़ना ही था। एक बात विशेष रूप से ध्यान देने योग्य यह है कि अंग्रेजी में 'Versed sine A' का अर्थ है: '1—Cosine A', न कि '1—Sine A'। जब इण्टरमीडियेट का विद्यार्थी त्रिकोणमिति का अध्ययन आरम्भ करता है तो शेष अनुपातों के नाम तो प्राकृतिक दिखाई पड़ते हैं किन्तु Versed sine का अर्थ '1—Cosine' पढ़कर चकरा जाता है। परन्तु इस नाम का कारण इसकी उत्पत्ति में ही निहित है। यह नाम उत्क्रम-ज्या का शाब्दिक अनुवाद है। यदि उक्त फलन का नाम भारतीय नाम से न लेकर स्वतन्त्र रूप से बनाया गया होता तो इसका नाम Versed sine के बदले Versed cosine होता।

उक्त फलन को उत्क्रम-ज्या कहने का कारण यह है कि ऊपर दी हुई आकृति में यदि हम ला पा को दाहिनी ओर ९०° के कोण पर घुमायें तो वह ला का की सीध में आ जायगी। अतः ला का को हम 'उल्टी पा ला' अथवा 'घूमी हुई पा ला' कह सकते हैं। अरब लेखकों ने इसीलिए इसको 'घूमी हुई जीवा' कहा है। समय के प्रभाव से 'उत्क्रम-ज्या' का संक्षिप्त रूप 'उज्ज्या' भी प्रचलित हो गया।

स्पज्या और कोस्पज्या—हिन्दुओं ने उपरिलिखत तीन फलनों का तो स्पष्ट रूप से प्रयोग किया है। आर्यभट्ट ने तो ज्या और उज्ज्या की सारणियाँ भी दी हैं। किन्तु

शेष त्रिकोणमितीय अनुपातों का उन्होंने स्पष्ट रूप से कोई उल्लेख नहीं किया है। सूर्य सिद्धान्त में ज्या/कोज्या के भजनफल का प्रयोग तो आया है किन्तु इसको कोई स्वतन्त्र नाम नहीं दिया गया है। जब पश्चिमी गणितज्ञों ने वस्तुओं की छाया नाप कर ऊँचाइयाँ, गहराइयाँ और दूरियाँ निकालनी आरम्भ कीं तब कीली और छाया की लम्बाइयों के सम्बन्ध में स्पज्या (Tangent) और कोस्पज्या (Cotangent) की आवश्यकता पड़ी। यों सूर्य सिद्धान्त और अन्य हिन्दू ग्रन्थों में भी 'छाया व्यवहार' के प्रकरण विद्यमान हैं किन्तु उन्होंने इन दोनों अनुपातों का फलनों के रूप में प्रयोग नहीं किया। यूरोप में सर्व प्रथम थेल्स ने उक्त अनुपातों को फलनों का रूप दिया।

जहाँ तक हमें पता है, छायाओं की सबसे पहली सारणी अरब के अलबत्तानी (लगभग ९२०) ने बनायी जिसमें ९०° तक की, एक एक अंश के अन्तर से, कोस्पज्याएं दी हुई हैं। स्पज्याओं की पहली सारणी अबुल-वफ़ा ने (लगभग ९८०) बनायी जिसमें १५′ के अन्तर से, कोणों की स्पज्याएं दी गयी हैं।

व्युकोज्या और व्युज्या—इन दोनों अनुपातों का विकास शेष फलनों के बहुत पीछे हुआ है। निश्चित रूप से इनका सब से पहला उल्लेख अबुल बफ़ा की कृतियों में मिलता है किन्तु उसने भी इनको कोई विशिष्ट नाम नहीं दिये थे। १५ वीं शताब्दी से व्युकोज्या (Secant) और व्युज्या का उल्लेख भी सारणियों में होने लगा। इनके पूरे नाम व्युत्क्रम-कोटिज्या और व्युत्क्रम-ज्या है। यों तो 'उत्क्रम' और 'व्युत्क्रम' दोनों का अर्थ 'उल्टे क्रम वाला' है किन्तु प्रयोग में उत्क्रम 'Inverse' or 'Reverse' के अर्थ में आता है और व्युत्क्रम 'Reciprocal' के अर्थ में। ५ और $\frac{१}{५}$ एक दूसरे के 'व्युत्क्रम' हैं। इससे स्पष्ट है कि

$$\text{व्युज्या} = \frac{१}{\text{ज्या}}, \qquad \text{व्युकोज्या} = \frac{१}{\text{कोज्या}} ।$$

इन दोनों फलनों की प्रथम सारणी कोपरनीकस (Copernicus) के शिष्य र्‌हेटिकस (Rhaeticus) ने बनायी थी जो उसकी मृत्यु के पश्चात् १५९६ में छपी।

अब हम यहाँ समस्त त्रिकोणमितीय फलनों के नाम और संक्षिप्त रूप देते हैं—

Sine ज्या	Sin ज्या
Cosine कोज्या	Cos कोज्
Tangent स्पज्या	Tan स्प
Cotangent कोस्पज्या	Cot कोस्प
Secant व्युकोज्या	Sec व्युकोज्

Cosecant व्युज्या	Cosec व्युज्या
Versed Sine = 1 — Cosine	उत्क्रम ज्या = १ — कोज्या
Versin उज्ज्या	
Coversed Sine = 1 — Sine	उत्कोज्या = १ — ज्या
Coversin उत्कोज्	

(३) २०० ई० पू० से १००० ई० तक

कुछ पाश्चात्य विद्वानों का यह मत है कि त्रिकोणमिति का आरम्भ यूनानी ज्यौतिषी हिप्पार्कस (Hipparchus) से हुआ है जिसका जीवन काल द्वितीय शताब्दी ई० पू० में माना जाता है। इसकी अधिकांश कृतियाँ नष्ट हो चुकी हैं। कोणों की जीवाओं पर ही इसने १२ ग्रन्थ लिखे जिनमें से एक भी प्राप्य नहीं है। ज्यौतिष में तो इसका कार्य बहुत महत्त्वपूर्ण हुआ है। इसने भूमण्डल पर किसी वस्तु की स्थिति निश्चित करने के लिए अक्षांश (Latitude) और देशान्तर (Longitude) की पद्धति अपनायी। इसके अतिरिक्त इसने १००० से अधिक तारों का सूचीपत्र तैयार किया। **गोलीय विक्षेप** (Stereographic Projection) का जन्मदाता वास्तव में यही था यद्यपि कुछ लोग गलती से टोलेमी को समझते हैं। उक्त क्रिया के लिए इसने उत्तरी ध्रुव को शीर्ष और विषुवत् वृत्त के समतल को आधार माना था।

इसमें सन्देह नहीं कि हिप्पार्कस को यह सूत्र

$$\text{ज्या}^2 \text{ का} + \text{कोज्}^2 \text{का} = 1$$

ज्ञात था। किसी त्रिभुज के निर्धारण के लिए हिप्पार्कस इस आधार से चलता था कि त्रिभुज एक वृत्त में अन्तर्लिखित (inscribed) है। इस प्रकार त्रिभुज की भुजाएँ एक वृत्त की जीवाएँ बन जाती थीं। और तब त्रिज्या के पदों में उनका मान निकाला जाता था। कुछ इतिहासज्ञों का मत है कि हिप्पार्कस निम्नलिखित सूत्रों से भी परिचित था—

$$\text{ज्या (का} \pm \text{खा)} = \text{ज्या का कोज् खा} \pm \text{कोज् का ज्या खा},$$

$$\text{कोज् (का} \pm \text{खा)} = \text{कोज् का कोज खा} + \text{ज्या का ज्या खा},$$

$$\text{किसी त्रिभुज की परित्रिज्या त्रा} = \frac{\text{क ख ग}}{4\triangle}\ ।$$

किन्तु इस कथन की पुष्टि का कोई निश्चित प्रमाण अभी तक नहीं मिला है।

ऐलेग्ज़ेण्ड्रिया के हेरॉन (Heron) के जीवन काल के विषय में विवाद है। इतना निश्चित सा प्रतीत होता है कि इसका मुख्य कार्य १५०–१०० ई० पू० में हुआ।

इसकी विशेष रुचि ज्यामिति और यान्त्रिकी में थी। इसने कई पुस्तकें लिखी हैं। त्रिकोणमिति के विचार से इसकी सबसे महत्त्वपूर्ण पुस्तक मेट्रिका (Metrica) है। उक्त ग्रन्थ में इसने विभिन्न ज्यामितीय आकृतियों के क्षेत्रकलन के सूत्र दिये हैं जैसे त्रिभुज, चतुर्भुज, सम बहुभुज, वृत्त और दीर्घवृत्त। इसके अतिरिक्त उक्त पुस्तक में ठोसों के तल और आयतन के सूत्रों का भी विवेचन है। त्रिभुज के संबन्ध में हेंरॉन का सबसे महत्त्वपूर्ण सूत्र यह है जिसकी उसने ज्यामितीय उपपत्ति दी है—

यदि किसी त्रिभुज की भुजाएँ क, ख, ग हों, और हम अर्धपरिमाप $\frac{1}{2}$ (क+ख+ग) को अ से निरूपित करें तो

$$\triangle = \sqrt{\text{अ}\,(\text{अ}-\text{क})\,(\text{अ}-\text{ख})\,(\text{अ}-\text{ग})}\,।$$

हेंरॉन का एक ग्रन्थ भू सर्वेक्षण पर भी है।

ऐलेग्ज़ॅण्ड्रिया के मेंनीलॉज़ (Menelaus) का स्थिति काल १०० ई० के आस पास था। इसने ६ भागों में जीवाओं पर एक पुस्तक लिखी जो अब लुप्त हो चुकी है। उक्त ग्रन्थ के अधिकांश में तो गोलीय त्रिकोणमिति के विषय हैं किन्तु फिर भी उसमें ज्यामिति और समतल त्रिकोणमिति पर भी बहुत कुछ है। इसके दो प्रमेय तो प्रसिद्ध हो गये हैं—एक समतल त्रिभुजों पर, दूसरा गोलीय त्रिभुजों पर। समतल त्रिभुजों सम्बन्धी इसका प्रमेय इस प्रकार है—

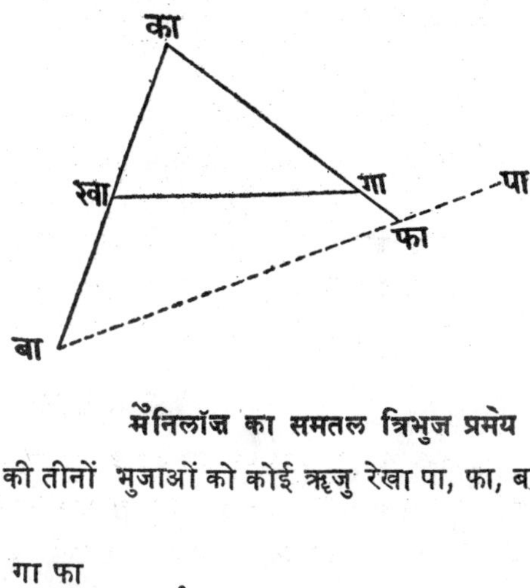

मेंनिलॉज़ का समतल त्रिभुज प्रमेय।

यदि किसी त्रिभुज का खा गा की तीनों भुजाओं को कोई ऋजु रेखा पा, फा, बा पर काटे तो

$$\frac{\text{का बा}}{\text{बा खा}} \cdot \frac{\text{खा पा}}{\text{पा गा}} \quad \frac{\text{गा फा}}{\text{फा का}} = -१.$$

यह प्रमेय आजकल 'मेंनीलॉज़ की प्रमेयिका' (Lemma) कहलाता है। कार्नो ने, जिसका उल्लेख हम एक पिछले अध्याय में कर चुके हैं, इसी साध्य को अपनी 'तिर्यग्रेखा सिद्धान्त' (Theory of Transversals) का आधार बनाया था।

एलैग्ज़ॅण्ड्रिया का टोलेमी (Ptolemy) एक ज्यौतिषी, गणितज्ञ और भूगोलज्ञ था। इसका मुख्य कार्य १५० ई० के लगभग हुआ था। इसने चालीस वर्ष बराबर ज्यौतिष की सेवा की और कदाचित् ७८ वर्ष की आयु में स्वर्गवासी हुआ। यद्यपि इसकी प्रमुख रुचि ज्यौतिष में थी, तथापि इसने त्रिकोणमिति की नीव पुष्ट करने में भी बहुत सहयोग दिया है। इसने जीवाओं की एक सारणी बनायी जिसका उन दिनों उतना ही महत्त्व था जितना आजकल ज्या सारणी का है। टोलेमी का त्रिकोण-मिति के सिद्धान्तों का प्रतिपादन इतना परिपक्व रहा है कि उसने १४०० वर्ष तक गणितज्ञों का मार्ग प्रदर्शन किया है। इसकी सबसे प्रसिद्ध पुस्तक आजकल 'अल्मा-जस्त' के नाम से प्रसिद्ध है। इस नाम का भी एक इतिहास है। ग्रन्थ का मौलिक नाम 'सिन्टॅक्सिस' (Syntaxis) था जिसका अर्थ है 'गणितीय संग्रह।' यूनानियों ने तुरन्त उसके गुण को पहिचाना और अन्य संग्रहों से भेद करने के लिए उसका नाम 'महान् संग्रह' रख दिया। जब पुस्तक अरब पहुँची तो अरबों ने उसका इतना आदर किया कि उसका नाम 'अल-मजिस्ती' (महत्तम) प्रचलित कर दिया। उन दिनों अरबों का यूनानियों पर कितना प्रभाव था, यह इसी बात से जाना जा सकता है कि ग्रन्थ का यह उपनाम 'अल्माजस्त' इतना प्रसिद्ध हुआ कि उसका मौलिक नाम विस्मृति के गर्भ में समा गया।

अल्माजस्त में १° की जीवा का मान .०१७२६८ दिया है। उस समय के लिए यह मान श्रेयस्कर है क्योंकि शुद्ध मान .०१७४५३ है। उसी पुस्तक में π का मान ३.१४१६६ दिया गया है। टोलेमी का एक प्रमेय प्रसिद्ध हो गया है जिसे **'टोलेमी प्रमेय'** कहते हैं। हम इस प्रमेय का उल्लेख पिछले अध्याय में 'ब्रह्मगुप्त' के अन्तर्गत कर चुके हैं। इसी प्रमेय की सहायता से ज्या (का ± खा) और कोज् (का ± खा) के सूत्र निकल आते हैं।

सूर्य सिद्धान्त

इतिहासज्ञों में इस बात पर मतभेद है कि आधुनिक **सूर्य सिद्धान्त** प्राचीन सूर्य-सिद्धान्त का ही संशोधित रूप है अथवा ये दोनों ग्रन्थ एक दूसरे से भिन्न हैं। वराह-मिहिर का उल्लेख हम अन्यत्र करेंगे। इन्होंने अपनी **'पंचसिद्धान्तिका'** में पाँच सिद्धान्तों का सार दिया है, जिनमें एक सूर्य सिद्धान्त भी है। जो सूर्य सिद्धान्त आजकल प्राप्य है, उसमें और वराहमिहिर के सूर्य सिद्धान्त में कुछ बातों में अन्तर दिखाई पड़ता है। इसी बिना पर कुछ लोगों का विचार है कि उक्त दोनों ग्रन्थ अलग अलग समय में अलग अलग लेखकों द्वारा लिखे गये हैं। अल्बेरूनी का विचार है कि सूर्य

सिद्धान्त के रचयिता लाटदेव थे किन्तु इस बात में विशेष तथ्य दिखाई नहीं देता। वराहमिहिर ने रोमक और पौलिश सिद्धान्तों के विषय में लिखा है कि ये लाटदेव द्वारा विरचित थे। यदि उनको यह पता होता अथवा उनके समय में यह बात प्रचलित हो गयी होती कि सूर्य सिद्धान्त के रचयिता भी लाटदेव ही थे तो अवश्य ही उन्होंने अपनी पंचसिद्धान्तिका में ऐसा लिख दिया होता।

भारत में प्राचीन समय में यह परिपाटी थी कि प्रायः लेखक अपना नाम गुप्त रखते थे और अपनी पुस्तक को दैव-वाणी बताते थे। कदाचित् इसी कारण सूर्य सिद्धान्त के लेखक ने भी अपना नाम गुप्त रखा हो। जो कुछ ग्रन्थ में लेखक के विषय में दिया हुआ है, उससे वास्तविकता का बिलकुल पता नहीं चलता। हम यहाँ ग्रन्थ के श्लोक २–९ उद्धृत करते हैं। इनका अर्थ हम विज्ञान परिषद्, प्रयाग द्वारा प्रकाशित सूर्य सिद्धान्त के 'विज्ञान भाष्य तथा मूल' से देते हैं—

अल्पावशिष्टे तु कृते मयनामा महासुरः।
रहस्यं परमं पुण्यं जिज्ञासुर्ज्ञानमुत्तमम्॥२॥
वेदांगमग्र्यमखिलं ज्योतिषां गतिकारणम्।
आराधयन् विवस्वन्तं तपस्तेपे सुदुश्चरम्॥३॥
तोषितस्तपसा तेन प्रीतस्तस्मै वरार्थिने।
ग्रहाणां चरितं प्रादान् मयाय सविता स्वयम्॥४॥
विदितस्ते मया भावस्तोषितस्तपसा ह्यहम्।
दद्यां कालाश्रयं ज्ञानं ग्रहाणां चरितम् महत्॥५॥
न मे तेजःसहः कश्चिदाख्यातुं नास्ति मे क्षणः।
मंदशः पुरुषोऽयं ते निःशेषेः क थयिष्यति॥६॥
इत्युक्त्वाऽन्तर्दधे देवः समादिश्यांशमात्मनः।
स पुमान् मयमाहेदं प्रणतः प्राञ्जलिस्थितम्॥७॥
श्रृणुष्वैकमनाः पूर्वं यदुक्तं ज्ञानमुत्तमम्।
युगे युगे महर्षीणां स्वयमेव विवस्वता॥८॥
शास्त्रमाद्यं तदेवेदं यत्पूर्वं प्राह भास्करः।
युगानां परिवर्तेन कालभेदोऽत्र केवलम्॥९॥

अर्थ—सत्ययुग के कुछ शेष रहने पर मय नामक महासुर ने सब वेदांगों में श्रेष्ठ, सारे ज्योतिष्क पिंडों की गतियों का कारण बताने वाले, परम पवित्र और रहस्यमय उत्तम ज्ञान को जानने की इच्छा से कठिन तप करके सूर्य भगवान् की आराधना की॥२॥

उसकी तपस्या से संतुष्ट और प्रसन्न होकर सूर्य भगवान् ने स्वयं वर चाहने वाले मय को ग्रहों के चरित अर्थात् ज्योतिष शास्त्र का उपदेश दिया।

भगवान् सूर्य ने कहा कि "तेरा भाव मुझे विदित हो गया है और तेरे तप से मैं बहुत संतुष्ट हूँ; मैं तुझे ग्रहों के महान् चरित का उपदेश करता हूँ, जिससे समय का ठीक ठीक ज्ञान हो सकता है; परन्तु मेरे तेज को कोई सह नहीं सकता और उपदेश देने के लिए मुझे समय भी नहीं है। इसलिए यह पुरुष, जो मेरा अंश है, तुझे भली-भाँति उपदेश देगा ॥५–६॥

इतना कहकर सूर्य भगवान् अंतर्धान हो गये, और सूर्यांश पुरुष ने, आदेशानुसार, मय से, जो विनीत भाव से झुके हुए और हाथ जोड़े हुए थे, कहा—एकाग्रचित्त होकर यह उत्तम ज्ञान सुनो, जिसे भगवान् सूर्य ने स्वयं समय समय पर महर्षियों से कहा था। भगवान् सूर्य ने पहले जिस शास्त्र का उपदेश दिया था वही आदि शास्त्र यह है; युगों के परिवर्तन से केवल काल में कुछ भेद पड़ गया है ॥७–९॥

सूर्य सिद्धान्त के 'स्पष्टाधिकार' नामक अध्याय के १५वें और १६वें श्लोकों में ज्याएँ निकालने की विधि बतायी गयी है।

राशिलिप्ताष्टमो भागः प्रथमं ज्यार्धमुच्यते ।
तत्तद्विभक्त लब्धोनमिश्रितं तद् द्वितीयकम् ॥१५॥

आद्येनैवं क्रमात् पिण्डान्भक्ता लब्धोनसंयुता ।
खण्डकाः स्युश्चतुर्विन्शज्ज्यार्धपिण्डाः क्रमादमी ॥१६॥

ज्याओं का मान निकालने के लिए हिन्दू गणितज्ञ एक चरण के २४ भाग करते थे। इस प्रकार एक भाग ३° ४५' का हुआ जिसमें २२५' होते हैं। उक्त कोण की ज्या को भी ये लोग २२५' ही मानते थे। यह पहली ज्या कहलाती थी।

दूसरी ज्या निकालने के लिए पहली ज्या को उसी से भाग देकर लब्धि (=१) को पहली ज्या में से घटाकर, फिर पहली ज्या जोड़ दो, या यों कहिए कि पहली ज्या को दुगुना करके फल में से १ घटा दो। तो

दूसरी ज्या=२×२२५–१=४४९.

अन्य कोई सी ज्या निकालने के लिए पहले उसे पहली ज्या से भाग दो; फिर इस भजनफल को उक्त ज्या में से घटा दो। शष को उक्त ज्या और उससे पिछली ज्या के अन्तर में जोड़ दो, तो अगली ज्या प्राप्त हो जायगी। इसी प्रकार चौबीसों ज्याएँ निकाली जाती हैं।

उपर्युक्त भाषा में बड़े उल्झट्टे हैं। आधुनिक संकेतलिपि में हम उक्त सूत्र को इस प्रकार लिखेंगे—

$$\text{ज्या (स}+१\text{) अ} = \{\text{ज्या स अ}-\text{ज्या (स}-१\text{) अ}\} + \text{ज्या स अ} - \frac{\text{ज्या स अ}}{२२५},$$

जिसमें अ=३°४५′ और स=१, २, ३,........२४,

$$\text{अर्थात् ज्या (स}+१\text{) अ}=\text{ज्या (स}-१\text{) अ}+\frac{४४९}{२२५}\text{ ज्या स अ।}$$

इस परिकलन में पृथ्वी की त्रिज्या ३४३८ मानी गयी है।

उपरिलिखित सूत्र कहाँ से प्राप्त हुआ ? इसकी कोई उपपत्ति सूर्य सिद्धान्त में नहीं दी गयी है। किन्तु हम उपपत्ति का अनुमान लगा सकते हैं। हमें प्राप्त है

$$\text{ज्या(प}\pm\text{फ)}=\frac{१}{\text{त्र}}\text{(ज्या प कोज् फ}\pm\text{कोज् प ज्या फ)},$$

जिसमें 'त्र' हमने त्रिज्या के लिए रखा है।

$$\therefore \text{ज्या (प}+\text{फ)}-\text{ज्या प}$$

$$=\frac{१}{\text{त्र}}\{\text{कोज् प ज्या फ}-\text{ज्या प उज्ज्या फ}\}$$

$$\text{और ज्या प}-\text{ज्या (प}-\text{फ)}$$

$$=\frac{१}{\text{त्र}}\{\text{ज्या प उज्ज्या फ} + \text{कोज् प ज्या फ}\}$$

$$\therefore \text{ज्या (प}+\text{फ)}-\text{ज्या प}=\text{ज्या प}-\text{ज्या(प}-\text{फ)}-\frac{२\text{ ज्या प उज्ज्या फ}}{\text{त्र}}$$

$$=\text{ज्या प}-\text{ज्या (प}-\text{फ)}-\text{ज्या प}\left(\frac{२\text{ ज्या }\frac{\text{फ}}{२}}{\text{त्र}}\right)^{२}$$

यहाँ तक तो यह सूत्र सर्वथा शुद्ध है। अब इसके आगे सूर्य सिद्धान्त के रचयिता निकट मान निकालने के लिए निम्नलिखित प्रसर का आश्रय लेते हैं—

$$\left(\frac{२\text{ ज्या }\frac{\text{फ}}{२}}{\text{त्र}}\right)^{२}=\left(\frac{\text{ज्या फ}}{\text{त्र}}\right)^{२}=\left(\frac{२२५}{३४३८}\right)^{२}$$

$$=\text{लगभग }\frac{१}{२२५}$$

अब उपरिलिखित सूत्र में प=स अ, फ=अ रखने से हमें अभीष्ट सूत्र प्राप्त हो जाता है—

$$\text{ज्या}\,(\text{स}+१)\,\text{अ}=\text{ज्या स अ}+\{\text{ज्या स अ}-\text{ज्या}\,(\text{स}-१)\,\text{अ}\}-\frac{\text{ज्या स अ}}{२२५}\,।$$

इस अन्तिम सूत्र में ज्या का वही अर्थ है जो आधुनिक त्रिकोणमिति में Sine का होता है। किन्तु ऊपर दिये हुए प्रसर में ज्या का प्राचीन अर्थ है । हम इस अध्याय के आरम्भ में बता चुके हैं कि ज्या और Sine में क्या सम्बन्ध है।

आधुनिक परिकलन से इस सूत्र में केवल इतना अन्तर पड़ता है कि अन्तिम भाजक २२५ के स्थान पर २३३.५०६ लिया जाता है क्योंकि

$$\left(२\ \text{ज्या}\frac{\text{फ}}{२}\right)^{२}=(२\ \text{ज्या}\ १^{\circ}५२'\ ३०'')^{२}=.००४२८२५५=\frac{१}{२३३.५०६}$$

अतः ज्याओं के मान में बहुत थोड़ा अन्तर पड़ पाता है। व्यावहारिक दृष्टि से सूर्य सिद्धान्त के दिये हुए मान प्रायः ठीक हैं—

अब हम सूर्यसिद्धान्त के 'स्पष्टाधिकार' के श्लोक १७–२७ देते हैं जिनमें ज्या सारणी के आँकड़े दिये हुए हैं। तत्पश्चात् हम चौबीस ज्याओं की सारणी भी देंगे जो हमने 'विज्ञान भाष्य' से उद्धृत की है—

तत्त्वाश्विनोऽङ्काब्धिकृता रूपभूमिधरर्तवः ।
खाङ्काष्टौ पञ्चशून्येशा बाणरूपगुणेन्दवः ॥१७॥
शून्यलोचनपञ्चैकाश्छिद्ररूपमुनीन्दवः ।
वियच्चन्द्रातिधृतयो गुणरन्ध्राम्बराश्विनः ॥१८॥
मुनिषड्यमनेत्राणि चन्द्राग्निकृतदस्रकाः ।
पञ्चाष्टविषयाक्षीणि कुञ्जराश्विनगाश्विनः ॥१९॥
रन्ध्रपञ्चाष्टकयमा वस्वद्र्यङ्कयमास्तथा ।
कृताष्टशून्यज्वलना नगाद्रिशशिवह्नयः ॥२०॥
षट्पञ्चलोचन गुणाश्चन्द्रनेत्राग्नि वह्नयः ।
यमाद्रिवह्निज्वलना रन्ध्रशून्यार्णवाग्नयः ॥२१॥
रूपाग्निसागरगुणा वस्वग्निकृतवह्नयः ।
प्रोज्झ्योत्क्रमेणव्यासार्धादुत्क्रमज्यार्धपिण्डकाः ॥२२॥
मुनयो रन्ध्रयमला रसषट्का मुनीश्वराः ।
द्वयष्टैका रूपषड्दस्राः सागरार्थहुताशनाः ॥२३॥
खर्तुवेदा नवाद्र्यर्था दिङ्नगास्त्र्यर्थकुञ्जराः ।
नगाम्बरवियच्चन्द्रा रूपभूधरशङ्कराः ॥२४॥

शरार्णवहुताशैका भुजङ्गाक्षि शरेन्दवः ।
नवरूपमहीध्रैका गजैकाङ्कनिशाकराः ॥२५॥
गुणाश्विरूपनेत्राणि पावकग्निगुणाश्विनः ।
वस्वर्णवार्थयमलास्तुरङ्गर्तुनगाश्विनः ॥२६॥
नवाष्टनवनेत्राणि पावकैकयमाग्नयः ।
गजाग्निसागरगुणा उत्क्रमज्यार्धपिण्डकाः ॥२७॥

सूर्य सिद्धान्त की ज्या सारणी

पिंडों का क्रम	धनु अथवा कोण	भारतीय रीति से ज्या के मान जब त्रिज्या=३४३८	आजकल की रीति से ज्या के मान जब त्रिज्या=३४३८	आजकल की रीति से ज्या के मान जब त्रिज्या=१
१.	३° ४५′	२२५	२२४.८५	.०६५४
२.	७° ३०′	४४९	४४८.९५	.१३०५
३.	११° १५′	६७१	६७०.७२	.१९५१
४.	१५°	८९०	८८९.८२	.२५८८
५.	१८° ४५′	११०५	११०५.०१	.३२१४
६.	२२° ३०′	१३१५	१३१५.०५	.३८२७
७.	२६° १५′	१५२०	१५२०.५८	.४४२३
८.	३०°	१७१९	१७१९.००	.५०००
९.	३३° ४५′	१९१०	१९१०.०५	.५५५५
१०.	३७° ३०′	२०९३	२०९३.०५	.६०८८
११.	४१° १५′	२२६७	२२६७.०२	.६५९४
१२.	४५° ०	२४३१	२४३१.०१	.७०७१
१३.	४८° ४५′	२५८५	२५८४.७०८	.७५१९
१४.	५२° ३०′	२७२८	२७२७.५५	.७९३४
१५.	५६° १५′	२८५९	२८५८.५५	.८३१५
१६.	६०° ०	२९७८	२९७७.३१	.८६६०
१७.	६३° ४५′	३०८४	३०८३.४५	.८९६९
१८.	६७° ३०′	३१७७	३१७६.३७	.९२३९
१९.	७१° १५′	३२५९	३२५५.७५	.९४६९
२०.	७५° ०	३३२१	३३२०.८५	.९६५९
२१.	७८° ४५′	३३७२	३३७१.९५	.९८०८
२२.	८२° ३०′	३४०९	३४०८.७५	.९९१४
२३.	८६° १५′	३४३१	३४३०.८५	.९९७८
२४.	९०° ०′	३४३८	३४३८.००	१.००००

आर्यभट्ट

आर्यभट्ट की आर्यभटीयं का उल्लेख हम पिछले अध्यायों में कर चुके हैं। उक्त पुस्तक में आर्यभट्ट ने ज्या सारणी बनाने के दो नियम दिये हैं जिनमें से एक तो प्रायः वही है जो सूर्य सिद्धान्त में दिया हुआ है किन्तु आर्यभट्ट ने उसे दूसरा रूप दे दिया है—

"पहली ज्या म से, उसको उसी से भाग देकर घटा दो। इस प्रकार सारणीय ज्याओं का दूसरा अन्तर प्राप्त होगा। कोई सा भी अन्तर निकालने के लिए उससे पिछले समस्त अन्तरों के जोड़ को पहली ज्या से भाग देकर, उससे पिछले अन्तर में से घटा दो। इस प्रकार सारे अन्तर प्राप्त हो जायँगे।"

इन नियमों का प्रमाण आर्यभटीयं के 'गीतिकापाद' का १० वाँ श्लोक है—

मखि भखि फखि धखि णखि भखि ङखि हस्क स्वकि किष्म श्घकि किघ्व ॥
घ्लकि किग्र हक्य धाहा स्त स्ग श्क ङ्व ल्क प्त फ छ कलार्धज्याः ॥१०॥

मान लीजिए कि सारणिक ज्याओं के अन्तर क्रमशः $अ_१, अ_२, अ_३ \ldots\ldots अ_स, \ldots$ हैं। तो उपरिलिखित सूत्र के अनुसार, प्रत्येक ३° ४५′ की वृद्धि के लिए

$$अ_{स+१} = अ_स - \frac{अ_१ + अ_२ + \ldots\ldots\ldots अ_स}{ज्या\ ३^\circ\ ४५'}\ ।$$

किन्तु ज्याओं के जो मान इन सूत्रों से आते हैं, आर्यभट्ट ने ठीक वही मान अपनी सारणी में नहीं दिये हैं वरन् अगले अथवा पिछले पूर्णांक में उन्हें परिणत कर दिया है। यह सम्भव है कि आर्यभट्ट ने उपरिलिखित सूत्र से उनका निकट मान निकाला हो और फिर ज्ञात कोणों (३०°, ४५°, ६०°) की ज्याओं से उनकी तुलना करके उनका संशोधन कर दिया हो। हम यहाँ आर्यभट्ट की ज्या सारणी के साथ साथ ज्याओं के आधुनिक मान भी देते हैं। यह सारणी हमने इस लेख से प्राप्त की है—

A. N. Singh : Hindu Trigonometry—Proc. Banaras Math. Soc., New Series I (1939) 77-92.

अन्तर	सूत्र से परिकलित	आर्यभट्ट का दिया हुआ मान	आधुनिक मान
$अ_{१}$	२२५	२२५	२२४.८५६
$अ_{२}$	२२४	२२४	२२३.८९३
$अ_{३}$	२२२.००५	२२२	२२१.९७१
$अ_{४}$	२१९.०१८	२१९	२१९.१००
$अ_{५}$	२१५.०४५	२१५	२१५.२८९
$अ_{६}$	२१०.०८९	२१०	२१०.५५७
$अ_{७}$	२०४.१५६	२०५	२०४.९२३
$अ_{८}$	१८९.२४५	१९९	१९८.४११
$अ_{९}$	१९१.३६०	१९१	१९१.०५
$अ_{१०}$	१८२.५१२	१८३	१८२.८७२
$अ_{११}$	१७३.६९४	१७४	१७३.९०९
$अ_{१२}$	१६३.२४५	१६४	१६४.२०२
$अ_{१३}$	१५३.११६	१५४	१५३.७९२
$अ_{१४}$	१४२.५१२	१४३	१४२.७२४
$अ_{१५}$	१३०.८७६	१३१	१३१.०४३
$अ_{१६}$	११८.२९४	११९	११८.९०३
$अ_{१७}$	१०५.७४५	१०६	१०५.९५३
$अ_{१८}$	९२.२९८	९३	९३.९०३
$अ_{१९}$	७८.८८०	७९	७८.१८५
$अ_{२०}$	६४.५२७	६५	६५.३०७
$अ_{२१}$	५०.२४०	५१	५१.०८७
$अ_{२२}$	३६.०१४	३७	३६.६४८
$अ_{२३}$	२१.८४९	२२	२२.०५१
$अ_{२४}$	६.७५२	७	७.३६१

वराह मिहिर

वराह मिहिर एक भारतीय ज्योतिषी थे। इनका जीवन काल निश्चित रूप से नहीं बताया जा सकता किन्तु इन्होंने अपनी ग्रन्थ रचना पाँचवीं शताब्दी में की, इसमें सन्देह नहीं है। इनकी मृत्यु के सम्बन्ध में एक वाक्य प्रचलित है—

नवाधिक पंचशत संख्य शाके
वराह मिहिराचार्यो दिवं गतः।

यह पता नहीं कि यह उक्ति ब्राह्मस्फुट सिद्धान्त के टीकाकार पृथूदक स्वामी की है अथवा आमराज की। इस वाक्य के अनुसार वराह मिहिर की मृत्यु लगभग ५८८ ई० (शाके ५०९) में ठहरती है। और उक्त ज्यौतिषी का सबसे प्रसिद्ध ग्रन्थ 'पंचसिद्धान्तिका' ५०६ ई० में लिखा गया था, ऐसा अनुमान उक्त पुस्तक के पाठ से ही लगता है। अतः वराह मिहिर का जन्म ४८६ के पश्चात् का नहीं हो सकता क्योंकि साधारणतया कोई लेखक २० वर्ष की अवस्था से पहले अपनी लेखनी नहीं उठाता।

वराह मिहिर अवन्ती (उज्जयिनी) के निवासी थे। इनके पिता का नाम आदित्य-दास था और इन्होंने अपनी अधिकांश शिक्षा उन्हीं से प्राप्त की। इन्होंने गणित के अतिरिक्त यात्रा, विवाह, संहिता आदि विषयों पर भी ग्रन्थ लिखे हैं। रचना काल के अनुसार इनके ग्रन्थ इस प्रकार हैं—

पंचसिद्धान्तिका, विवाहपटल, बृहज्जातक, लघुजातक, यात्रा, बृहत्संहिता।

उपरिलिखित ग्रन्थों में से विवाह और यात्रा सम्बन्धी ग्रन्थों को छोड़ कर इनके शेष समस्त ग्रन्थ उपलब्ध हैं।

वराह मिहिर ने भी ३° ४५' के अन्तर से विभिन्न कोणों की एक ज्या सारणी दी है किन्तु इन्होंने गोले की त्रिज्या को ६० माना है। ज्याओं का मान निकालने के लिए इन्होंने इस सूत्र का प्रयोग किया है—

$$\text{ज्या}\frac{\text{अ}}{२} = \sqrt{\tfrac{१}{२}\text{उज्ज्या अ}}\text{।}$$

लल्ल एक भारतीय ज्यौतिषी थे जिनका जीवन काल ६०० ई० के आसपास माना जाता है। इन्होंने ५९८ ई० में एक ग्रन्थ 'धीवृद्धिदतन्त्र' लिखा जिसमें ज्या और उज्ज्या सारणियाँ दी गयी हैं। इन्होंने गोले की त्रिज्या को सूर्य सिद्धान्त की भाँति ३४३८ माना है। इसके अतिरिक्त एक अन्य ज्या सारणी भी दी है जिसमें त्रिज्या १५० मानी गयी है।

सारणियों के सम्बन्ध में दो शब्द ब्रह्मगुप्त के विषय में भी कहने हैं।

इनकी कृतियों का उल्लेख पिछले कई अध्यायों में हो चुका है। इन्होंने भी एक ज्या सारणी दी है जिसमें त्रिज्या ३२७० ली है। ज्या का मान निकालने में इन्होंने इस सूत्र का भी प्रयोग किया है—

$$\text{ज्या}\left(\frac{\pi}{२} - \frac{\text{प}}{२}\right) = \sqrt{१ - \text{ज्या}^{२}\frac{\text{प}}{२}}\text{।}$$

सन् ९५० के लगभग एक भारतीय ज्यौतिषी (द्वितीय) आर्यभट्ट हुए हैं। इन्होंने भी एक आर्य सिद्धान्त लिखा है, जिसकी एक प्रति पूना के डकन कालिज में सुरक्षित है। इस पुस्तक का उल्लेख हम अंकगणित के अध्याय में कर चुके हैं। वहीं पर हम यह भी कह चुके हैं कि 'अलबेरूनी ने जिन दो आर्यभट्टों का उल्लेख किया है, वह वस्तुतः एक ही व्यक्ति थे।' अलबेरूनी का अभिप्राय इन दूसरे आर्यभट्ट से हो ही नहीं सकता था क्योंकि जो बातें अलबेरूनी ने लिखी हैं, द्वितीय आर्यभट्ट पर बिलकुल भी लागू नहीं हैं। यदि यह मान भी लिया जाय कि द्वितीय आर्य भट्ट भी अलबेरूनी से पहले हुए थे तो भी यह स्पष्ट है कि इनका आर्य सिद्धान्त अलबेरूनी ने देखा ही नहीं था। इनके आर्य सिद्धान्त में अंकगणित, बीजगणित, ज्यामिति और गोला––सभी विषयों का समावेश है। इन्होंने इस सूत्र

$$\text{ज्या}\,\tfrac{१}{२}\left(\frac{\pi}{२} \pm \text{प}\right) = \sqrt{\tfrac{१}{२}(१ \pm \text{ज्या प})}$$

की सहायता से ज्या सारणी बनायी है जो सूर्य सिद्धान्त की सारणी से अभिन्न है।

अरब

उधर अरब देश भी त्रिकोणमिति की ओर जागरूक हो चुका था। अल्बाटेंजिनस उक्त देश का एक प्रसिद्ध ज्यौतिषी हुआ है। इसका पूरा नाम मुहम्मद बिन जाबिर अलबतानी था और जीवन काल लगभग ८५०-९२९। इसने स्वयं बहुत से ज्यौतिषीय अवलोकन किये और टोलेमी के दिये हुए मानों का शोधन किया। इसी ने अपने देश में ज्याओं और स्पज्याओं का प्रयोग आरम्भ किया था। इसने ज्यौतिष पर एक ग्रन्थ लिखा जिसकी पाण्डुलिपि आजतक रोम में सुरक्षित है।

अबुल वफ़ा (९४०–९९८) की सारणियों का उल्लेख हम ऊपर कर चुके हैं। इसने यूनान की गणितीय पुस्तकों के अनुवाद किये और डायफ़ण्टस पर एक टीका लिखी किन्तु ये सब कृतियाँ लुप्त हो चुकी हैं। इसके द्वारा अल्माजस्त का बड़ा प्रचार हुआ। इसकी ज्यामितीय रचनाओं (Geometrical Constructions) की एक पुस्तक अब भी प्राप्य है जिसमें १२ अध्याय हैं, किन्तु वह इसने स्वयं नहीं लिखी। वह इसके एक शिष्य ने इसके व्याख्यानों के आधार पर लिखी है। इसने त्रिकोणमिति के प्रमेयों को व्यवस्थित रूप में प्रस्तुत किया। कह सकते हैं कि त्रिकोणमिति को एक स्वतन्त्र विषय का रूप देना इसी का काम था। इसने ये सूत्र भी सिद्ध किये थे —

$$१—\text{कोज् क्ष}=२\ \text{ज्या}^{२}\frac{\text{क्ष}}{२},$$

$$\text{ज्या क्ष}=२\ \text{ज्या}\frac{\text{क्ष}}{२}\ \text{कोज्}\frac{\text{क्ष}}{२}।$$

(४) १००० ई० से १७०० ई० तक

भारत

भास्कर

भास्कराचार्य की ज्यौतिष सम्बन्धी पुस्तक 'सिद्धान्त शिरोमणि' है जिसके मुख्य खण्ड चार हैं—लीलावती, बीजगणित, गणिताध्याय और गोलाध्याय। इनमें से प्रथम दोनों खण्डों ने तो अब स्वतन्त्र पुस्तकों का रूप धारण कर लिया है। इन दोनों का उल्लेख हम यथास्थान कर चुके हैं। अब 'सिद्धान्त शिरोमणि' से अधिकतर लेखकों का तात्पर्य तीसरे और चौथे खण्डों से ही होता है।

'सिद्धान्त शिरोमणि' की आजतक अनेक टीकाएँ छप चुकी हैं। आर्यभट्ट के टीकाकार परमादीश्वर ने एक पुस्तक 'सिद्धान्त दीपिका' भास्कर के ग्रन्थों पर ही लिखी है। एक अन्य प्रसिद्ध टीका है ज्ञानराज के पुत्र 'सूर्यदास' की लिखी हुई, जिसका नाम 'सूर्य प्रकाश' है। 'गोलाध्याय' का अंग्रेजी अनुवाद बापू देव शास्त्री ने सन् १८६१ में 'बिब्लियोथिका इण्डिका' में छपवाया था।

'सिद्धान्त शिरोमणि' का एक अध्याय यन्त्रों पर है। इसमें एक स्वचल (Automaton) का भी उल्लेख है जिसमें आचार्य महोदय के अनुसार चिरस्थायी गति (Perpetual Motion) प्राप्त हो सकती है। उक्त यन्त्र का वर्णन इस प्रकार है। 'लकड़ी का एक पहिया बना कर उसमें समान दूरियों पर आरे लगाओ। आरे सीधे नहीं वरन् एक ओर झुके हुए हों और अन्दर से पोले हों। उनके एक ओर समान आकार के छेद बने हों। इन छेदों में पारा डालकर छेदों को आधा भर दो और छेदों का मुँह बन्द कर दो। फिर इस पहिये को एक धुरी पर कस दो। अन्त में धुरी को पहिये सहित दो स्तम्भों के बीच में स्थिर कर दो। पहिये को एक बार गति देने से पहिया सदैव घूमता रहेगा।'

बहुत से आधुनिक गणितज्ञों ने भी चिरस्थायी गतिमान् यन्त्र बनाने के प्रयत्न किये हैं जो उपरिलिखित यन्त्र के वर्णन से पूरा पूरा मेल खाते हैं। स्पष्ट है कि उक्त यन्त्र कभी बन ही न पाया होगा।

भास्कर ने भी गोले की त्रिज्या ३४३८ मानकर एक ज्या सारणी बनायी है। इन्होंने भी कोणों का अन्तर ३° ४५′ लिया है। सारणी बनाने की इन्होंने सात विधियाँ दी हैं—छ सैद्धान्तिक और एक आलैखिक (Graphical)।

अन्य देश

स्पेन में एक ज्यौतिषी हुआ है इब्न-अल-ज़र्क़ाला जिसका जीवन काल लगभग १०२९–१०८७ था। यह अर्ज़ाकेल (Arzachel) नाम से भी प्रसिद्ध है। इसने भी ज्याओं और उज्ज्याओं की एक सारणी बनायी है जिसमें गोले की त्रिज्या को १५० माना है।

टॉमस फ़िंक (Thomas Fink) डेंन्मार्क (Denmark) का एक गणितज्ञ (१५६१–१६५६) था। इसने १५८३ में ज्यामिति पर एक पुस्तक प्रकाशित की जिसमें त्रिभुजों के सम्बन्ध में एक महत्त्वपूर्ण सूत्र दिया। यदि हम किसी त्रिभुज के शीर्षों को का, खा, गा से और भुजाओं को क, ख, ग से निरूपित करें तो उक्त सूत्र इस प्रकार लिखा जायगा —

$$\frac{\frac{1}{2}\,(\text{क}+\text{ख})}{\frac{1}{2}\,(\text{क}+\text{ख})-\text{ख}}=\frac{\text{स्प}\;\frac{1}{2}\;(180-\text{गा})}{\text{स्प}\;[\frac{1}{2}\;(180-\text{गा})-\text{खा}]}$$

वीटा का उल्लेख हम बीजगणित के परिच्छेद में कर चुके हैं। इसने उपरिलिखित सूत्र को यह आधुनिक रूप दिया –

$$\frac{\text{क}+\text{ख}}{\text{क}-\text{ख}}=\frac{\text{स्प}\;\frac{1}{2}\;(\text{का}+\text{खा})}{\text{स्प}\;\frac{1}{2}\;(\text{का}-\text{खा})}\;।$$

कह सकते हैं कि वीटा के समय से ही समतल और गोलीय त्रिभुजों का त्रिकोण-मितीय निर्धारण होता है। वीटा की त्रिकोणमिति को केवल इतनी ही देन नहीं है। उसने १३ दशमलव स्थानों तक ज्या १′ का मान निकाला और उसी की सहायता से अपनी ज्या सारणी तैयार की।

बार्थालोमस पिटिस्कस (Bartholomaus Pitiscus) एक जर्मन गणितज्ञ था जिसका स्थिति-काल १५६१–१६१३ था। यह व्यवसाय से धर्म प्रचारक था किन्तु इसकी रुचि गणित में थी। त्रिकोणमिति नाम से सबसे पहली पुस्तक इसी ने प्रकाशित की थी। इसने बड़ी लगन के साथ प्राकृतिक त्रिकोणमितीय फलनों के मान निकाले। इसी के समय में गणितज्ञों ने उक्त फलनों को लम्बाइयों के बदले अनुपातों का रूप देना आरम्भ किया। इसने अपनी पुस्तक में बायीं ओर ज्याओं, स्पज्याओं और

व्युकोज्याओं के मान दिये हैं और दाहिनी ओर शेष तीनों फलनों के जिन्हें इसने 'पूरक' फलन (complements) कहा है। इसके अतिरिक्त उक्त सारणियों में इसने १०″ तक के अनुपाती भाग (Proportional Parts) भी दिये हैं। त्रिज्या को इसने $१०^{२५}$ माना है। इसके अतिरिक्त इसने रहॅंटिकस की सारणियों का भी संशोधन किया है।

इस सम्बन्ध में जॉन न्यूटन (John Newton) (१६२२–१६७८) का नाम भी उल्लेखनीय है। इसने १६५८ में दो भागों में त्रिकोणमिति पर एक ग्रन्थ 'ट्रिग्नॉमेंट्रिया ब्रिट्रॅनिका' (Trigonometria Brittanica) प्रकाशित किया। कहते हैं कि उस समय तक की त्रिकोणमिति सम्बन्धी समस्त पुस्तकों में यही सबसे सम्पूर्ण थी। इसमें १ से लेकर १००, ००० तक की संख्याओं के लघुगणक भी दिये गये थे।

जेम्स ग्रेगरी (James Gregory) (१६३८–१६७५) स्काटलॅण्ड का एक गणितज्ञ और ज्यौतिषी था। इसने ऐंबर्डीन (Aberdeen) में शिक्षा पायी और गणित और भौतिकी दोनों में ख्याति प्राप्त की। १६६९–७४ तक सेण्ट ऐंन्ड्रूज़ (St. Andrews) में प्राध्यापक रहा। १६७४ में यह ऐंडिन्बरा (Edinburgh) में प्राध्यापक नियुक्त हुआ किन्तु एक ही वर्ष पश्चात् इसकी मृत्यु हो गयी। १६६३ में इसने एक पुस्तक प्रकाशित की जिसमें एक नये प्रकार के दूरवीक्ष (Telescope) का आविष्कार दिया गया था। १६६५ में यह पडुआ गया जहाँ कुछ वर्षों तक अध्ययन करता रहा। १६६७ में इसने एक अन्य पुस्तक प्रकाशित की जिसमें वृत्त और अति-परवलय के क्षेत्रफल अनन्त श्रेणियों के रूप में दिये गये थे। १६६८ में इसने ज्यामिति पर एक पुस्तक लिखी जिसमें वक्रों के चापकलन (Rectification) और परिक्रमण ठोसों के आयतनों के सूत्र दिये गये थे।

शुद्ध गणित में इसकी कई गवेषणाएँ महत्वपूर्ण हैं—

(i) अभिसारी और अपसारी श्रेणियों का अन्तर।

(ii) π की असुमेयता

(iii) स्प क्ष, $स्प^{-१}$ क्ष और $व्युकोज्^{-१}$ क्ष का प्रसार। इन में से $स्प^{-१}$ क्ष का प्रसार इस प्रकार का है—

$$स्प^{-१} क्ष = क्ष - \frac{१}{३} क्ष^{३} + \frac{१}{५} क्ष^{५} - \frac{१}{७} क्ष^{७} + \ldots\ldots$$

यह फल **'ग्रेगरी श्रेणी'** के नाम से प्रसिद्ध है।

आँख से अत्यधिक काम लेने के कारण जीवन के अन्तिम दिनों में ग्रेगरी अन्धा हो गया था।

अब दः म्वाव्रे (De Moivre) (१६६७–१७५४) का उल्लेख करना आवश्यक हो गया है। इसका जन्म तो फ्रांस में हुआ था किन्तु अट्ठारह वर्ष की अवस्था से यह लन्दन में ही रहा। अतः इसका नाम भी अंग्रेज गणितज्ञों में ही गिना जाना चाहिए। विपन्नावस्था के कारण इसको संस्थागत अध्ययन तो लड़कपन में ही छोड़ देना पड़ा। यह अपनी जीविका व्यक्तिगत शिक्षण और गणितीय पहेली बूझौअल द्वारा चलाने लगा। इसका अधिकांश समय लन्दन के एक कॉफ़ी गृह में बीतता था जहाँ यह लोगों द्वारा प्रस्तुत किये गये प्रश्नों के उत्तर देकर किसी प्रकार निर्वाह किया करता था। इसकी दो पुस्तकें प्रसिद्ध हुई हैं। पहली The Doctrine of Chances में इसने आवर्त श्रेणी (Recurring Series) सिद्धान्त, आंशिक भिन्न (Partial Fractions) और संयुक्त सम्भाव्यता (Compound Probability) सिद्धांत दिये हैं। दूसरी पुस्तक में इसके त्रिकोणमितीय फल हैं।

दः म्वाव्रे का सबसे महत्त्वपूर्ण त्रिकोणमितीय प्रमेय यह है—

$$\text{कोज् स क्ष} + \text{ज्या स क्ष} = (\text{कोज् क्ष} + \text{ए ज्या क्ष})^{\text{स}},$$

जिसमें $\text{ए} = \sqrt{-\text{१}}$। यह फल 'दः म्वाव्रे प्रमेय' कहलाता है। इसी प्रमेय की सहायता से इसने कोज् स क्ष और ज्या स क्ष के, कोज् क्ष और ज्या क्ष के घातों के पदों में, प्रसार निकाले हैं। यद्यपि उक्त प्रमेय कोट्स (Cotes) को भी ज्ञात था, तथापि उसे आधुनिक रूप दः म्वाव्रे ने ही दिया था। यह कहने में अत्युक्ति नहीं होगी कि त्रिकोणमिति का वर्तमान विकास बहुत कुछ उक्त प्रमेय पर ही आधृत है।

दः म्वाव्रे ने एक और महत्त्वपूर्ण कार्य यह किया कि व्यंजक

$$\text{य}^{\text{२स}} - \text{२ क य}^{\text{स}} + \text{१}$$

के गुणनखण्ड निकाले।

दः म्वाव्रे की मृत्यु के सम्बन्ध में एक लोकोक्ति है कि एक दिन उसने निश्चय किया कि अब उसे प्रति दिन अपना सोने का समय १५ मिनट बढ़ाते जाना चाहिए। मान लीजिए कि जब उसने यह बात कही थी, वह प्रतिदिन आठ घण्टे सोता था। तो अगले दिन वह $\text{८}\frac{\text{१}}{\text{४}}$ घण्टे सोयेगा, उससे अगले दिन $\text{८}\frac{\text{१}}{\text{२}}$ घण्टे और इसी प्रकार $\frac{\text{१}}{\text{४}}$ घण्टा प्रति दिन बढ़ाता जायगा। स्पष्ट है कि ६५ वें दिन उसकी मृत्यु हो गयी होगी

(५) अट्ठारहवीं और उन्नीसवीं शताब्दियाँ

अट्ठारहवीं शताब्दी में पदार्पण करते ही टॉमस-फ़ैण्टैल द: लैग्नी (Thomas-Fantal de Lagny) का नाम दृष्टिगोचर होता है। यह फ्रांस का एक गणितज्ञ था। जिसका जीवन काल १६६०–१७०४ था। इसने मूल निकालने और गोले के घनण (Cubature) आदि पर अनेक अभिपत्र लिखे। समीकरण सिद्धान्त सम्बन्धी इसके कुछ फलों का हेली (Halley) ने बाद को संशोधन किया है। १७१० में लैग्नी ने ही सर्व प्रथम स्प स क्ष और व्युकोज् स क्ष के सार्विक सूत्र दिये हैं। इसी ने सबसे पहले त्रिकोणमितीय फलनों की आवर्तता (periodicity) सिद्ध की है। उक्त समय तक दशमलव भिन्नों का प्रचार होने लगा था किन्तु लैग्नी ने ही सर्व प्रथम १७१९ में एक अभिपत्र में स्पष्ट रूप से लिखा कि ज्या ९०=१. इससे पहले प्रायः समस्त लेखक ज्या ९०=त्रिज्या देते थे। और त्रिज्या ये लोग अधिकतर ६० की लेते थे।

लैग्नी की मृत्यु के विषय में एक कहानी प्रसिद्ध है। लैग्नी मृत्यु शय्या पर पड़ा था जब उसने मॉपर्शियस (Maupertius) को बुलाया। मॉपर्शियस ने उससे पूछा कि "१२ का वर्ग कितना होता है?" लैग्नी उठकर बैठ गया, प्रश्न का उत्तर दिया और परलोक सिधार गया।

ऑगस्टस डी मॉर्गन (Augustus De Morgan) (१८०६–१८७१) का जन्म मद्रास प्रान्त के मदुरा नगर में हुआ था। १४ वर्ष की अवस्था में ही इसने तीन भाषाएँ—लैटिन, यूनानी और हिब्रू सीख ली थीं। १६ वर्ष की अवस्था में इसने केम्ब्रिज के ट्रिनिटी कॉलिज में नाम लिखा लिया। उन दिनों एम० ए० की उपाधि लेने से पहले कुछ धार्मिक परीक्षाएँ भी देनी पड़ती थीं। इन परीक्षाओं पर इसको नैतिक आपत्ति थी। अतः इसने एम० ए० की उपाधि ली ही नहीं। १८२८ में यह लन्दन के यूनिवर्सिटी कॉलिज में प्राध्यापक नियुक्त हो गया। १८३१ में कॉलिज की प्रबन्ध समिति से किसी बात पर मतभेद होने के कारण इसे उक्त स्थान से त्यागपत्र देना पड़ा। जो व्यक्ति उस स्थान पर नियुक्त हुआ, सन् १८३६ में उसकी डूबने से मृत्यु हो गयी। तब डी० मॉर्गन ने फिर उसी गद्दी का कार्यभार सँभाला।

डी मॉर्गन अध्यापन में अद्वितीय था। यह छोटी छोटी टिप्पणियाँ लिखकर ले जाया करता था और उनकी सहायता से धारावाही रूप से व्याख्यान दिया करता था। लिखने में भी यह सिद्धहस्त था किन्तु फिर भी इसकी लेखनी में वह बात नहीं आती थी जो वक्तृता में आती थी। इस के दो शिष्य बहुत प्रसिद्ध हुए हैं—टॉडहंटर

(Todhunter) और राउथ (Routh)। डी मॉर्गन ने अनेक पुस्तकें लिखी हैं जिनमें से ये प्रसिद्ध हो गयी हैं—

(i) त्रिकोणमिति और द्विक बीजगणित (Trigonometry and Double Algebra) (१८४९)—इसमें सांकेतिक कलन (Symbolic Calculus) की उस समय तक की समस्त संहृतियों (Systems) का विवरण दिया हुआ है।

(ii) त्रिकोणमिति के मूलतत्त्व और त्रिकोणमितीय विश्लेषण (Elements of Trigonometry and Trigonometrical Analysis) (१८३७)—इसमें एक प्रकार से डी मॉर्गन ने चलन कलन की भूमिका बाँधी है।

(iii) फलन कलन (Calculus of Functions)

(iv) सम्भाव्यता सिद्धान्त (Theory of Probability)

(v) विरोधाभास संग्रह (Budget of Paradoxes)—जो इसकी पत्नी ने, इसकी मृत्यु के पश्चात्, १८४७ में प्रकाशित किया।

तर्कशास्त्र में डी मॉर्गन का कार्य और भी महत्त्वपूर्ण रहा है। इसने कई पुस्तकें लिखी हैं जिनमें तर्कशास्त्रियों और गणितज्ञों में समझौता कराने का प्रयत्न किया है। १८६६ में इसे फिर कॉलिज छोड़ देना पड़ा। इसका कारण इसके धार्मिक विचार थे जो प्रबन्ध समिति के सदस्यों के विचारों से मेल नहीं खाते थे। १८६७ में इसका युवा पुत्र, जो बड़ा ही होनहार था, स्वर्गवासी हो गया। तब से यह रुग्ण ही रहने लगा और चार वर्ष पश्चात् इसकी मृत्यु हो गयी।

डी मॉर्गन की बहुत सी कृतियाँ तो पुस्तकों, पत्रिकाओं और संदर्भ ग्रन्थों में प्रकाशित हो चुकी हैं किन्तु अब भी बहुत सी सामग्री ऐसी है जो इसने विद्यार्थियों के लिए तैयार की थी और अभी तक अमुद्रित ही पड़ी है। डी मॉर्गन के विषय में कहा जाता है कि "यह जितना विद्वान् था, उतना ही दयालु भी था। इसके द्वार से कभी कोई याचक खाली नहीं जाता था।"

हमने इस अध्याय में केवल उन गणितज्ञों का उल्लेख किया है जिनका मुख्य कार्य त्रिकोणमिति में हुआ है। अट्ठारहवीं और उन्नीसवीं शताब्दियों में अनेक गणितज्ञ हुए हैं और उन्होंने बड़े महत्त्वपूर्ण कार्य किये हैं। किन्तु उनमें से प्रायः सभी का सर्वोत्कृष्ट कार्य 'फलन सिद्धान्त' (Theory of Functions) पर हुआ है। सच पूछिए तो आज समस्त शुद्ध गणित दो मुख्य विभागों में बँट गया है—ज्यामिति और विश्लेषण। विश्लेषण के अनुसन्धायक प्रायः इस विषय की सभी शाखाओं पर अपनी

लेखनी उठाते हैं, जसे बीजगणित, त्रिकोणमिति, अवकल समीकरण, समाकल समीकरण। और ये सब शाखाएँ दिन पर दिन फलन सिद्धान्त में समाविष्ट होती चली जा रही हैं। अतः इन गणितज्ञों में से ऐसों को छाँट निकालना कठिन है जिन्होंने केवल त्रिकोणमिति पर कार्य किया हो। या यों कहिए कि त्रिकोणमिति की स्वतन्त्र सत्ता समाप्त होती जा रही है और वह फलन सिद्धान्त में समाती जा रही है। अतएव, इन शताब्दियों के शेष गणितज्ञों में से जिन्होंने त्रिकोणमिति पर भी कार्य किया होगा उनकी कृतियों का उल्लेख अगले परिच्छेद में होगा।